海绵城市透水混凝土铺装材料性能评价与设计

单景松　吴淑印　徐龙彬
元　松　范大海　宋海涛　著

中国建筑工业出版社

图书在版编目(CIP)数据

海绵城市透水混凝土铺装材料性能评价与设计 / 单
景松等著. — 北京：中国建筑工业出版社，2021.11
ISBN 978-7-112-26673-9

Ⅰ. ①海… Ⅱ. ①单… Ⅲ. ①城市建设－透水路面－
路面铺装－混凝土－研究 Ⅳ. ①TU528

中国版本图书馆 CIP 数据核字（2021）第 209499 号

本书针对透水混凝土多孔骨架型的结构特点，从材料设计及成型方法等方面，对其力学性能和耐久性进行了系统的研究，以提高透水混凝土的使用性能，进一步推广该类铺装材料。全书共分 7 章，主要内容包括：绪论，透水混凝土成型方法，透水混凝土水泥浆特性，透水混凝土颗粒间粘结性能，透水混凝土空隙结构及渗透特性，透水混凝土性能研究和设计方法。

本书适合大中专院校土木工程结构及材料的师生，设计、施工行业各类技术人员参阅。

责任编辑：杨　允
责任校对：姜小莲

海绵城市透水混凝土铺装材料性能评价与设计

单景松　吴淑印　徐龙彬

元　松　范大海　宋海涛　著

*

中国建筑工业出版社出版、发行（北京海淀三里河路 9 号）

各地新华书店、建筑书店经销

北京红光制版公司制版

天津翔远印刷有限公司印刷

*

开本：787 毫米×1092 毫米　1/16　印张：$10\frac{1}{4}$　字数：256 千字

2021 年 11 月第一版　　2021 年 11 月第一次印刷

定价：**60.00** 元

ISBN 978-7-112-26673-9

（38018）

前　言

随着城市规模的不断增加，越来越多的自然绿地被楼房、路面等结构覆盖，雨水无法通过路表直接下渗，导致城区地下水位逐年降低，影响整个城市的生态环境。《国务院办公厅关于推进海绵城市建设的指导意见》（国办发〔2015〕75号）指出，通过海绵城市建设，综合采取"渗、滞、蓄、净、用、排"等措施，最大限度地减少城市开发建设对生态环境的影响，将70％的降雨就地消纳和利用。2015年和2016年由国家财政部、住建部、水利部三部委共同组织确定了30个海绵城市试点城市。透水混凝土材料具有多空隙透水性特点，作为铺面材料在降雨期间可以起到渗水、蓄水、排水的作用。雨水的直接下渗不仅可缓解城市内涝问题，同时有助于减少城市地下水资源的枯竭问题，这些下渗的地下水可调节城市的温度与湿度，缓解城市的热岛效应，对整个城市的生态环境起到了极大的改善作用。

透水混凝土是一种骨架空隙型结构，细骨料较少或无细骨料，粗骨料间依据水泥浆粘结形成强度，其性能受到骨料嵌锁状态、水泥浆用量及特性、空隙结构特性等多个因素影响。因其内部存在大量的宏观空隙，它的强度及耐久性相对于普通密实型混凝土明显不足。许多已修建的透水混凝土铺装结构耐久性差，早期损坏严重，特别是表面松散剥落病害相当普遍。这些问题尽管与透水混凝土本身的多孔结构有关，但各组成结构特征，如骨料骨架、粘结料特性和空隙结构直接影响到透水混凝土的各方面性能，通过科学的设计方法和合理的施工控制可显著改变透水混凝土的使用性能。基于以上认识，本书从透水混凝土的骨料骨架、骨料间粘结料和空隙三相组成结构出发，系统研究了骨料骨架及成型方法、水泥净浆包裹特性、骨料颗粒间粘结性能、空隙结构及渗透性、透水混凝土力学性能，以此为基础提出了透水混凝土设计方法。

依托山东科技大学承担的住建部科技项目和山东省建设科技项目"城市铺面高性能透水水泥混凝土关键技术研究"，联合济南清河岩土工程有限公司、上海市市政公路工程检测有限公司、济南城建集团有限公司和青岛冠通市政建设有限公司共同完成本书编写。全书共分7章，第1、2、4、5章由山东科技大学单景松和吴淑印编写，第3章由济南清河岩土工程有限公司徐龙彬编写，第6章由上海市市政公路工程检测有限公司元松和济南城建集团有限公司宋海涛共同编写，第7章由山东科技大学单景松和青岛冠通市政建设有限公司范大海共同编写。本书编写过程中李瑾、蒋启芳、刘建、钱宁、任凯凯、宗新耀、宋

3

成法等多位研究生做了大量文字编辑和试验数据整理工作，在此一并致谢。

限于作者水平，本书在研究方法和文字表述方面难免存在不足，恳请读者及时与作者沟通指正。

作者

2021 年 8 月

目　　录

第1章　绪　　论

1.1　研究背景

2013 年 11 月 15 日，习近平总书记在对《中共中央关于全面深化改革若干重大问题的决定》作说明时指出："城市规划建设的每个细节都要考虑对自然的影响，更不要打破自然系统。"为什么这么多城市缺水？一个重要原因是水泥地太多，把能够涵养水源的林地、草地、湖泊、湿地给占用了，切断了自然的水循环，雨水来了，只能当作污水排走，地下水越抽越少。解决城市缺水问题，必须顺应自然。比如，在提升城市排水系统时要优先考虑把有限的雨水留下来，更多利用自然力量排水，建设自然积存、自然渗透、自然净化的"海绵城市"。图 1.1 为"海绵城市建设"理念图，可以显著减少雨水流到排水沟，更好地使自然水循环恢复自然生态状态。因而，许多城市提出生态城市口号，但思路却是大树进城、开山造地、人造景观、填湖、填海等，这不是建设生态文明，而是破坏自然生态。

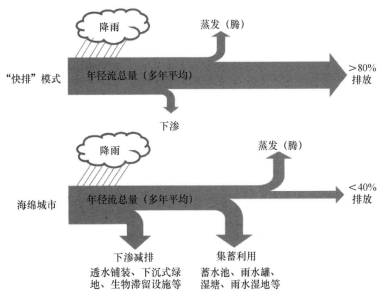

图 1.1　海绵城市建设理念

2015 年 9 月 29 日，李克强总理主持召开国务院常务会议时指出，按照生态文明建设要求，建设雨水自然积存、渗透、净化的海绵城市，可以修复城市水生态、涵养水资源，增强城市防涝能力，扩大公共产品有效投资，提高新型城镇化质量。会议确定：一是海绵城市建设要与棚户区、危房改造和老旧小区更新相结合，加强排水、调蓄等设施建设，努力消除因给水排水设施不足而下雨就涝、污水横流的"顽疾"，加快解决城市内涝、雨水收集利用和黑臭水体治理等问题；二是从今年起在城市新区、各类园区、成片开发区全面推进海绵城市建设，在基础设施规划、施工、竣工等环节都要突出相关要求，增强建筑小区、公园绿地、道路绿化带等的雨水消纳功能，在非机动车道、人行道等扩大使用透水铺装，并和地下管廊建设结合起来；三是总结推广试点经验，采取 PPP、政府采购、财政补贴等方式，创新商业模式，吸引社会资本参与项目建设运营，将符合条件的项目纳入专项建设基金支持范围，鼓励金融机构创新信贷业务，多渠道支持海绵城市建设，使雨水变弃为用，促进人与自然和谐发展。

《国务院办公厅关于推进海绵城市建设的指导意见》（国办发〔2015〕75 号）指出工作目标：通过海绵城市建设，综合采取"渗、滞、蓄、净、用、排"等措施，最大限度地减少城市开发建设对生态环境的影响，将 70% 的降雨就地消纳和利用。到 2020 年，城市建成区 20% 以上的面积达到目标要求；到 2030 年，城市建成区 80% 以上的面积达到目标要求。基本原则：坚持生态为本、自然循环。充分发挥山、水、林、田、湖等原始地形地貌对降雨的积存作用，充分发挥植被、土壤等自然下垫面对雨水的渗透作用，充分发挥湿地、水体等对水质的自然净化作用，努力实现城市水体的自然循环。

由国家财政部、住建部、水利部三部委共同组成评审专家组评审的中国海绵城市试点城市共计 30 个，分别为 2015 年的迁安、白城、镇江、嘉兴、池州、厦门、萍乡、济南、鹤壁、武汉、常德、南宁、重庆、遂宁、贵安新区和西咸新区；2016 年的福州、珠海、宁波、玉溪、大连、深圳、上海、庆阳、西宁、三亚、青岛、固原、天津、北京。

1.2 透水混凝土材料应用

（1）透水混凝土的材料特点

随着我国经济的快速发展以及城市化进程的不断推进，越来越多的城市地表被混凝土硬化路面所覆盖，造成自然降雨难以下渗，在雨期，南方地区洪涝灾害屡见不鲜，对人们的生产生活造成极大的影响。此外，硬化铺装路面破坏了地表的渗水蓄水能力，阻隔了土壤与空气之间的交流，使得天然土壤丧失了对城市温度和湿度有效调节的功能，加之密集的混凝土建筑群在光照下温度不断升高，从而加剧了城市热岛效应。研究表明：当城市硬化地面的比例超过 25% 时，在汛期，雨水不能有效地下渗到地表以下，城市地下水得不到有效的补充，导致地面水位下沉的可能性增大。

在全球倡导人与生态环境和谐共生的大背景下，硬化地面显然已经不能满足生态可持续发展的需求。透水混凝土作为一种新型绿色材料，其结构特征是以水泥粘结材料包裹骨料从而由骨料之间粘结点形成内部具有连续孔隙的镂空骨架结构的混凝土结构体系（图 1.2）。在雨期，透水混凝土内部空隙能够发挥吸水、蓄水的作用，储存在空隙中的雨水在阳光的照射下蒸发出来，从而起到了调节城市温度和湿度的作用。透水混凝土内部所存在的大量空隙结构能够有效地吸收车辆在行车过程中轮胎撞击路面产生的噪声，有文献表明：透水混凝土对噪声吸收作用明显。综上所述，透水混凝土与传统水泥混凝土相比，具有优良的透水、降噪等特点，能够在节能环保、生态建设等方面发挥出巨大的作用。

图 1.2 透水混凝土多孔结构特点

（2）透水混凝土的应用

随着国家大力推行"海绵城市"建设及一系列支持政策的出台，透水混凝土铺装迎来了良好的发展机遇，应用的场合越来越广泛，围绕透水混凝土的研究逐渐走向深入。人们发现，透水混凝土拥有巨大的绿色生态潜力，在雨期，透水混凝土内部可以吸水、蓄水，减少路表积水的同时可有效降低车辆打滑现象。雨水的直接下渗不仅解决了城市内涝问题，而且解决城市地下水资源的枯竭问题，这些下渗的地下水还可调节城市的温度与湿度。海绵城市的建设，能够有效地缓解土壤与空气的流通，缓解城市的热岛效应，极大地改善了城市的生态环境。

透水混凝土材料尽管具有上述诸多优良作用，但其内部较多的孔隙结构对透水混凝土的强度及耐久性有直接影响。因而，透水混凝土铺装结构目前主要应用于城市人行道、自行车道、广场、停车场等场合，在机动车道方面的应用相对较少。根据应用场合的要求不同，可以采用彩色铺装，与周围的景观环境更好地协调，增强视觉效果，不同色彩的铺装也可通过颜色区分铺装的不同功能，如自行车道跟人行道并列时，可通过颜色进行区分，图 1.3 为透水混凝土路面的各种应用。从铺装层结构来讲，有单层透水混凝土铺装，也有多层透水混凝土铺装，根据应用场合及承受的荷载情况而异。有些铺装结构为全透式，雨水可直接渗入地下，有些铺装结构为半透式，透水结构下部设置不透水封水层或密实性结构层，雨水通过两侧排水设施下渗或收集，图 1.4 是透水混凝土铺装结构示意图。

（3）使用过程中存在的问题

在可持续发展、保持生态平衡等战略思想指导下，日韩、欧美等一些发达国家在 50 多年前就开始了对透水混凝土的设计研究。如美国混凝土协会的透水混凝土设计方法 ACI 522R—2010 中指出，透水混凝土为接近零坍落度的开级配材料，以粗集料为主，包含少量或不含细集料，由水泥、外掺料或水共同组成。该报告指出透水混凝土的孔隙尺寸为 2～8mm，空隙率为 15%～35%，能够允许雨水"自由"地渗透，渗水率一般为 81～730L/min/m²。我国透水混凝土的研究与应用起步较晚，目前仅处于初步阶段。行业标准

(a)

(b)

(c)

图 1.3　透水混凝土铺面

（a）透水混凝土铺面自行车道；（b）透水混凝土铺面人行道；（c）透水混凝土铺面停车场

《透水水泥混凝土路面技术规程》CJJ/T 135—2009 中对透水混凝土的材料选择、结构组合与构造、施工、验收等方面做出了具体要求。其中建议配合比设计方法采用体积填充法，即各材料的用量根据粗骨料紧密堆积空隙率和设计空隙率确定，首先计算水泥浆的体积，然后根据水灰比进一步确定水泥和水的用量。透水水泥混凝土应满足的性能要求见表 1.1。

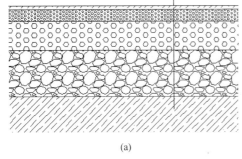

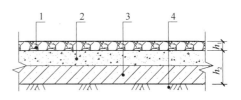

　　　　　　　　(a)　　　　　　　　　　　　　　　　　　(b)

图 1.4　透水混凝土铺装结构

（a）全透式铺装结构；（b）半透式铺装结构

1—透水混凝土面层；2—混凝土基层；3—稳定土类基层；4—路基

透水混凝土的性能　　　　　　　　　　　　　　　　表 1.1

项目		计量单位	性能要求	
耐磨性（磨抗长度）		mm	≤30	
透水系数（15℃）		mm/s	≥0.5	
抗冻性	25 次冻融循环后抗压强度损失率	%	≤20	
	25 次冻融循环后质量损失率	%	≤5	
连续孔隙率		%	≥10	
强度等级		—	C20	C30
抗压强度（28d）		MPa	≥20.0	≥30.0
弯拉强度（28d）		MPa	≥2.5	≥3.5

　　已修建的透水混凝土铺装结构耐久性差，早期损坏严重，特别是松散剥落病害相当普遍（图 1.5）。透水混凝土的设计大多依据经验，缺少科学的设计方法，施工方面机械化

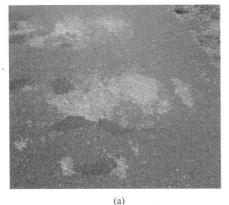

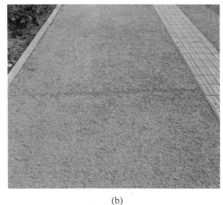

　　　　　　　　(a)　　　　　　　　　　　　　　　　　　(b)

图 1.5　透水混凝土松散剥落损坏

（a）局部骨料剥落；（b）大面积松散剥落

程度低，还处于小作坊式施工操作阶段，相关技术还远达不到大面积推广的程度。透水混凝土是一种骨架空隙型结构，细骨料较少或无细骨料，粗骨料间依据水泥浆粘结形成强度。为防止施工过程中水泥浆离析堵塞孔隙，水灰比要进行严格的控制，同时，施工碾压要保证骨料处于紧密堆积状态，保证透水混凝土的强度和耐久性能。由此可知，透水混凝土的强度形成机理、受力变形及破坏特性、施工方法等与传统密实型混凝土相比有明显差异。目前在透水混凝土原材料的质量控制、拌和成型技术、配合比设计方法与优化、使用性能检测评价、机械化施工工艺等多个方面急需开展研究，旨在提升透水混凝土的使用性能和机械化施工水平。基于此，本项目拟开展高性能透水混凝土的研究，解决高性能透水混凝土设计施工中面临的主要技术难题，形成成套关键技术，对透水混凝土的推广应用起到积极的作用。

1.3　透水混凝土研究现状

1.3.1　国内外设计方法

（1）ACI 522R—2010 设计方法

ACI 522R—2010 中原材料及材料组成设计要求如下。

水灰比：该设计方法中将水灰比作为影响强度和空隙结构的重要参数，高水灰比将降低骨料和水泥浆体间的粘结能力，同时水泥浆体易于流动造成空隙堵塞。低水灰比会影响透水混凝土的工作性，拌和过程中造成结团，影响水泥浆体对骨料包裹的均匀性，进而影响透水混凝土强度和耐久性。经验表明，传统水泥混凝土水灰比不适用于透水混凝土，后者的合理水灰比范围处于 0.26～0.45 之间。

空隙率：为确保透水混凝土的渗透能力，空隙率应该控制在 15％以上，如果空隙率低于 15％，透水混凝土中将没有足够的连通空隙确保水的自由流动。研究表明，空隙率越大，透水混凝土的渗透性越好，但是随着空隙率增加抗压强度会降低。

粗骨料用量：对透水混凝土设计时，采用捣实法测定单位体积粗骨料用量。采用单位体积混凝土中的粗骨料实体颗粒体积 b 与单位体积粗骨料中粗骨料实体颗粒体积 b_0 比值作为指标，该指标可以考虑粗骨料的颗粒形状、级配和密度的差异，另外该指标不随最大公称粒径的变化而变化，如最大公称粒径为 9.5～19mm 时，结果如表 1.2 所示。

b/b_0 有效比值　　　　　　　　　　　　　　　　　　　　　表 1.2

细骨料百分比（％）	b/b_0	
	ASTM C33/C33M Size N.8	ASTM C33/C33M Size N.67
0	0.99	0.99
10	0.93	0.93
20	0.85	0.86

水泥浆、水泥和水用量：透水混凝土的设计力求建立最小的水泥浆体用量同粘结骨料颗粒，同时还要保持必要的空隙结构、强度和工作性。采用 2.36～9.5mm 尺寸骨料时，

图 1.6 可以用来预估水泥浆的体积，水泥浆确定以后，可以选择合理水灰比，根据绝对体积法分别确定水泥和水的用量。

b/b_0 法设计流程：

1）确定单位体积透水混凝土骨料干重量；

2）调整单位体积透水混凝土骨料饱和面干重量；

3）确定水泥浆体积（根据设计空隙率和压实水平，查图 1.6 确定）；

4）确定单位体积透水混凝土水泥胶结料质量；

5）确定单位体积透水混凝土水的质量；

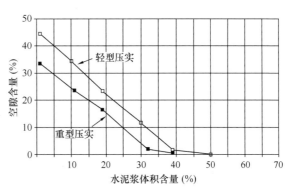

图 1.6 击实类型与空隙含量关系

6）确定骨料体积；

7）检验空隙率；

8）透水混凝土性能试验，调整配合比。

（2）行业标准《透水水泥混凝土路面技术规程》CJJ/T 135—2009

《透水水泥混凝土路面技术规程》CJJ/T 135—2009 中对原材料和透水混凝土配合比的要求如下。

水泥：强度等级不低于 42.5 级的硅酸盐水泥或普通硅酸盐水泥。不同等级、厂牌、品种、出厂日期的水泥不得混用。

骨料：透水混凝土采用的集料，必须使用质地坚硬、耐久、洁净、密实的碎石料，碎石的性能指标应符合现行国家标准《建筑用卵石、碎石》GB/T 14685 中的二级要求，并应符合表 1.3 的规定。

集料的性能指标
表 1.3

项目	计量单位	指标		
		1	2	3
尺寸	mm	2.4～4.75	4.75～9.5	9.5～13.2
压碎值	%	<15.0		
针片状颗粒含量（按质量计）	%	<15.0		
含泥量（按质量计）	%	<1.0		
表观密度	kg/m³	>2500		
紧密堆积密度	kg/m³	>1350		
堆积孔隙率	%	<47.0		

配合比设计流程：

体积法计算的基本原理是首先试验确定捣实状态下紧密堆积密度及粗骨料间隙率，然后根据设计空隙率确定水泥浆体体积，进而依据水灰比确定水泥用量及水用量。该设计方法认为透水混凝土体积主要由粗集料、浆体、空隙组成，其中粗集料堆积形成透水混凝土的基本骨架单元，水泥浆体填充于粗骨料间，即单位体积的透水混凝土由粗骨料体积、水泥浆体体积和空隙体积三部分组成。设计时，根据试验确定单位体积的粗骨料用量和间隙率，然后减掉设计空隙率后为水泥浆体的填充体积，进而依据水灰比计算水泥和水的质量和体积。

透水混凝土配合比试配应符合下列规定：

1) 应按计算配合比进行试拌，并检验透水混凝土的相关性能，当出现浆体在振动作用下过多坠落或不能均匀包裹集料表面时，应调整透水混凝土浆体用量或外加剂用量，达到要求后再提出供透水混凝土强度试验用的基准配合比。

2) 进行透水混凝土强度试验时，应选择 3 个不同的配合比，其中一个为基准配合比，另外两个配合比的水胶比宜较基准水胶比分别增减 0.05，用水量宜与基准配合比相同。制作试件时应目视确定透水混凝土的工作性。

3) 根据试验得到的透水混凝土强度、空隙率与水胶比的关系，应采用作图法或计算法求出满足空隙率和透水混凝土配制强度要求的水胶比，并应据此确定水泥用量和用水量，最终确定正式配合比。

1.3.2　透水混凝土铺装材料性能研究

（1）水泥浆特性的影响

透水混凝土中细骨料较少或缺失，使内部空隙数量多、尺寸大，且很多空隙相互连通形成网络以达到内部渗排水目的。该空隙体系是通过将尺寸相对均匀的粗骨料与恰好足以粘结骨料的水泥浆混合而形成。美国混凝土学会（ACI）在早期设计方法（ACI 522R—10）中采用八步法进行混合料设计，该方法的输入参数为水灰比、空隙率和粗骨料的干捣密度[1]。水泥和水的含量是根据空隙率和水泥浆体积之间的关系确定的。

文献［1］中 P. Chindaprasirt 对水泥浆特性与透水混凝土特性进行了研究，其研究结果表明水泥浆的特性主要受水灰比、添加剂和搅拌时间的影响。提高水灰比和增加拌和时间都可以增加水泥浆的流动度，这可使水泥浆易于均匀包裹于骨料表面，进而提高透水混凝土的强度。在保持水泥浆一定流动度的情况下加入高效减水剂可显著降低水灰比。透水混凝土的抗压强度随着水泥浆流动度的增加小幅增加，而随着高效减水剂剂量的增加呈显著增加趋势。

透水混凝土材料设计过程中水泥浆的流动性和包裹特性是重要的指标，若水泥浆的流动性太大，成型过程中水泥浆将向下流动，造成透水混凝土下部空隙堵塞，影响整体的强度和渗透能力。因此文献［2］和文献［3］中研究了透水混凝土中水泥浆的包裹特性，以骨料表面的最大包裹厚度，即成膜能力作为表示指标。考虑了水灰比、高效减水剂、颗粒粗细、骨料表面纹理等因素，研究表明水灰比和减水剂掺量对成膜能力都有重要的影响，水灰比增加时水泥浆成膜能力降低，而减水剂增加也可降低水泥浆成膜能力（图 1.7）。通过三种颗粒粒径（A：9.5～13.2mm，B：4.75～9.5mm，C：2.36～4.75mm）对水泥浆成膜能力的比较发现，粗骨料 A 具有最大的包裹厚度，粗骨料 B 和 C 的包裹厚度相近，明显低于粗骨料 A（图 1.8）。可见较粗颗粒的水泥浆成膜能力要大于较小粒径颗粒。

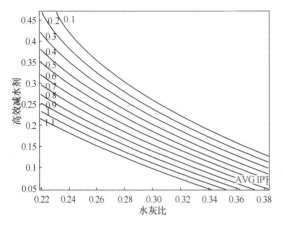

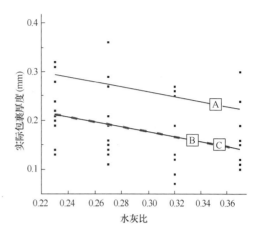

图 1.7　水灰比和高效减水剂的影响

图 1.8　骨料粒径的影响

　　Nguyen 等[4]（2014）提出了一种基于水泥浆体积和球形粗骨料假设的方法，以估算在自然状态下覆盖骨料的水泥浆膜厚度，另外，使用建议的粘结料排水试验确定水灰比，以得到具有足够黏度以防止组分离析的水泥浆。然而，该方法是基于具有棱角粗集料（4~6mm）的单一混合物组成而开发的，因此，需要尝试使用不同的水灰比和骨料/水泥（A/C）比，同时采用不同骨料类型、形状和压实度对多种混合物进行测试。文献 [5] ~ [8] 的研究人员引入了一种将水泥浆浓缩在骨料接缝处而不是骨料均匀包裹的方法，该方法是通过使用硅烷聚合物降低骨料的表面自由能来实现的。研究表明降低 A/C 比会增加强度，然而这种变化是由于降低了空隙率，从而增加了强度。另外，一些研究表明空隙率在 0.25~0.35 范围内增加水灰比会导致更高的抗压强度[7-10]。在空隙率恒定的情况下，降低水灰比和减水剂可能会增加透水性混凝土的强度。

　　文献 [9] 研究了水泥浆包裹厚度与透水混凝土空隙率、渗透性、抗压和抗弯拉强度的关系。首先对试件进行切割获取切面图像，然后通过网格线设置方法智能量取骨料间水泥浆包裹厚度（图 1.9）。随着水泥浆包裹厚度增加，骨料间颗粒空隙率降低，空隙结构发生变化，渗透性随之降低，而抗压强度和抗弯拉强度随着水泥浆包裹厚度的增加而增加。图 1.10 为水泥浆厚度与空隙率关系、图 1.11 为抗压强度与水泥浆厚度关系。

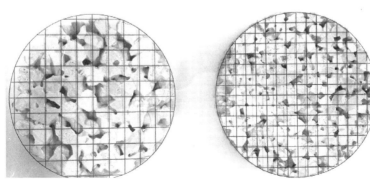

图 1.9　切面图像

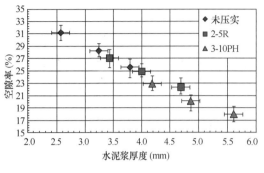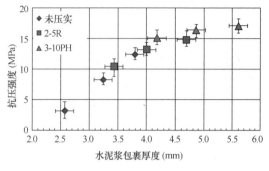

图 1.10　水泥浆厚度与空隙率关系　　　　图 1.11　抗压强度与水泥浆厚度关系

注：未压实——未压实状态情况下；

　　2-5R——分两层装入试筒，用夯实杆每层压实 5 次，提供近似的中等压实水平；

　　3-10PH——分三层装入试筒，用标准普氏锤每层击实 10 次，其击实高度为 300mm。

（2）骨料的影响

透水混凝土路面的强度是由骨料骨架及骨料间粘结力提供，更为重要的是，透水混凝土的空隙特性受骨料尺寸、形状、棱角性、纹理和其他性能的影响。与普通混凝土不同，集料尺寸对透水混凝土强度的影响在已有文献中尚不清楚。文献［10］在空隙率为 20% 的 8 种测试混合物中，骨料尺寸为 2.36～4.76mm 的透水混凝土的强度最低，而骨料 4.76～9.5mm 和 10～15mm 的强度则相对较高。另有研究表明，在固定空隙率下，含 60% 8～16mm 和 30% 4～8mm 骨料的透水混凝土的强度比含 60% 4～8mm 和 30% 8～16mm 骨料的混合物高 21%。同时测试了用单一尺寸集料制成的透水混凝土样本（2.38mm、4.76mm 和 9.51mm），研究表明，较小的集料尺寸会由于空隙数量增加而导致强度降低[11]。但是，在某些情况下，使用较小的骨料会降低空隙率并提高抗压强度[12-14]。关于骨料的棱角，一些研究表明骨料棱角性会导致透水性混凝土具有较高的空隙率，因此具有较高的渗透性和较低的强度[15-18]。

透水混凝土混合物中可以添加细骨料，通常在粗骨料质量的 5%～10%，以提高强度和耐久性。Ibrahim 等[19]（2020）在透水混凝土混合物中添加 10% 的河砂，水灰比为 0.3～0.4 时，空隙率略有降低，而抗压强度提高了 50%。除了降低空隙率外，细集料还可以通过增加水泥浆涂层和增加骨料之间的接触面积来改善透水混凝土强度，从而改善骨料的互黏性[20]。在寒冷气候地区，混凝土路面暴露于冻融循环中，Kevern 等[21]（2008 年）发现，用细骨料代替 7% 的粗骨料可显著提高防滑性。Kevern 等[22]（2018）提出了使用细轻质骨料可将水化程度提高 10%，并具有更高的强度、抗冻融性和较小的收缩率[22]。

文献［23］通过试验数据指出采用砾石或碎石对透水混凝土的抗压强度影响不大（图 1.12），采用回收碎石时抗压强度相对较低，这是由回收碎石材料的差异性引起的。

文献［24］中采用白云石碎石及钢渣代替碎石进行了透水混凝土体积指标和力学性能的对比测试，分别采用 4～8mm 和 8～16mm 两种规格集料按照 30∶60 和 60∶30 进行试验，研究表明，采用白云石骨料的透水混凝土抗弯拉强度和动态模量都高于钢渣骨料透水混凝土。骨料尺寸变化对受力性能也有一定影响，表现为弯拉强度和动态弹性模量随着较细骨料（4～8mm）比例的增加而增加。这类研究结论认为骨料颗粒较小时相邻骨料间的

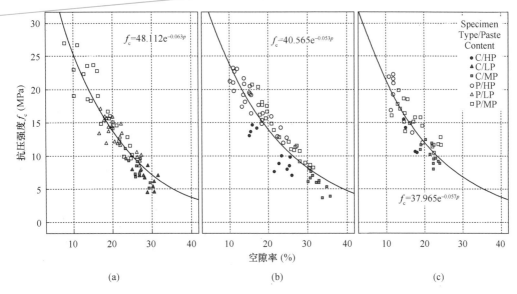

图 1.12 砾石、石灰岩、回收骨料对透水混凝土抗压强度的影响

(a) 砾石；(b) 石灰岩；(c) 回收骨料

总接触面积增加，从而使透水混凝土材料整体强度增加。但也有一些文献研究结论与之相反，如 Fan Yu[25] 发现随着骨料尺寸的增加，透水混凝土的抗压强度增加，Fan Yu 选取骨料尺寸 2.36~15mm，进行了骨料尺寸变化对透水混凝土抗压强度的影响研究，试验研究结果显示当骨料尺寸小于 7mm 时，随着骨料尺寸的增加透水混凝土抗压强度迅速增加，但骨料尺寸大于 7mm 时，骨料尺寸的增加对透水混凝土抗压强度的影响较小，具体如图 1.13 所示。Elango[26] 指出，对于普通水泥透水混凝土，骨料的最佳尺寸为 9.5mm，对掺加粉煤灰的透水混凝土骨料的最优尺寸为 10mm。

（3）掺加料的影响

1）硅灰

硅灰又叫硅微粉，也叫微硅粉或二氧化硅超细粉，一般情况下统称硅灰。硅灰是在冶炼硅铁合金和工业硅时产生的 SiO_2 和 Si 气体与空气中的氧气迅速氧化并冷凝而形成的一种超细硅质粉体材料。硅灰细度小于 $1\mu m$ 的占 80% 以上，平均粒径在 $0.1\sim0.3\mu m$，比表面积 $15\sim28m^2/g$，其细度和比表面积约为水泥的 $80\sim100$ 倍。硅灰加入混

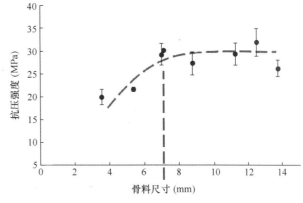

图 1.13 抗压强度与骨料尺寸关系

凝土可以提高硅钙比例，提升水化产物硅酸钙的数量，降低氢氧化钙的数量，对硬化混凝土有明显的影响。研究表明硅灰可使水泥水化产物更加密实，改善界面过渡区的空隙结构，增强混凝土强度和耐久性。文献[27]中采用硅粉代替部分水泥研究了新拌和硬化混凝土的特性，加入硅灰后水泥浆的流变阻力显著提升，在一定水灰比和减水剂情况下，

Bingham 方法测试的水泥浆的屈服应力和黏度随硅灰的添加量增加而增加。但是硅灰的掺加量有一个最优值,如果超过这个值对混凝土的性能将起反作用。Gran Adil[28] 研究中测试了 0～10％硅灰代替水泥情况下的水泥浆流变特性,屈服应力随着硅灰的加入迅速增加,直到 5.5％硅灰量时达到峰值,而后硅灰掺量增加屈服应力迅速降低。水泥浆黏度在硅灰掺量 5.5％前增长较缓慢,之后随硅灰掺量增加而大幅增加(图 1.14)。因而,掺入一定量的硅灰对透水混凝土的工作性最为有利,在一定击实功下可获得最大的密度和最小的空隙率(图 1.15),进而获得较大的抗压强度和长期冻融耐久性能(图 1.16 和图 1.17)。

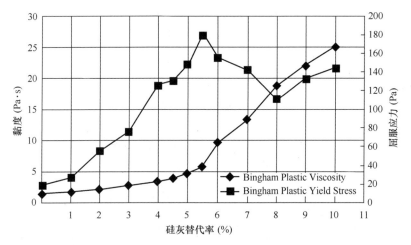

图 1.14　黏度和屈服应力

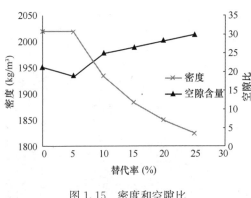

图 1.15　密度和空隙比

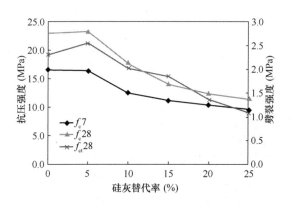

图 1.16　抗压强度和劈裂强度

2）聚合物

针对透水混凝土易出现松散、断裂等破坏的脆性特点,有些文献通过添加聚合物、橡胶颗粒或聚合物-橡胶颗粒组合的方式提高透水混凝土的抗变形能力。

文献[29]和文献[30]研究表明,加入橡胶颗粒后透水混凝土的抗压强度、抗拉强度、弹性模量都显著降低,而使用较粗的橡胶颗粒代替部分骨料时,断裂能随着颗粒掺量的增加而增加;使用较细橡胶颗粒时,断裂能随着掺量增加而降低。采用聚合物和橡胶颗粒共同改性透水混凝土时,相比于单独采用聚合物,弹性模量降低,而抗弯拉强度、极限拉应力、极限拉应变和抗磨耗能力都有显著的提高。整体来讲,橡胶颗粒或橡胶粉的加入相当于在刚性的碎石骨料颗粒间加入了弹性颗粒，可以吸收骨料间的变形能，减少骨料颗粒间的应力集中，增加了透水混凝土抗变形能力，但因弹性模量的显著降低需注意橡胶颗粒的粒径和掺量，防止变形过大而损坏。这方面还需进一步研究。

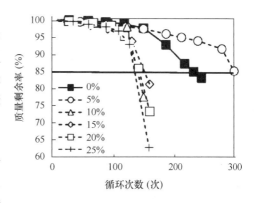

图 1.17　冻融耐久性

3）纤维

透水混凝土中常用的纤维有单丝纤维、合成细纤维、木质纤维、粗纤维等。纤维之所以被用于透水混凝土中，主要因为使用过程中透水混凝土铺装材料表面易出现松散剥落和冻融破坏，耐久性较差。这些病害通常不是由结构承载力不足导致，主要因为水泥胶浆材料对骨料颗粒的包裹性和粘结强度不足及骨料间的嵌挤能力不足引起。为了改善透水混凝土使用性能的不足，借鉴普通密实性混凝土的方法，将纤维加入透水混凝土中，能够有效阻止微观裂缝的产生和扩展，弥补混凝土材料抗拉强度较弱的缺陷。在荷载作用下纤维可以吸收能量，增加混凝土的抗变形能力和疲劳变形能力，防止产生脆性破坏。但是，透水混凝土与普通密实性混凝土不同，其内部充满随机分布的宏观空隙，且组成材料主要由粗骨料骨架和水泥浆包裹而成，纤维对透水混凝土性能的影响有一定差异。文献[31]中对细短型聚丙烯纤维进行表面化学处理，增加其表面粗糙度，通过单个纤维拉拔试验研究了纤维-水泥浆的界面拉拔特性及透水混凝土的抗压和抗弯拉性能。研究表明经过表面处理后的纤维对透水混凝土的抗压强度影响不大，但对抗弯拉强度增强效果明显，可提高 30% 以上。

文献[32]添加碳纤维到透水混凝土中，发现碳纤维可显著改善透水混凝土的工作性，易于击实成型，延长施工时间，使成型试件的空隙率降低。尽管空隙率降低，掺碳纤维透水混凝土的渗水率却增加，抗压强度可增加 10%~40%，弹性模量也有显著提高，但抗磨耗能力未见显著影响。与添加细纤维不同，文献[33]采用直径 0.677mm，长度为 38mm 和 56mm 的两种粗纤维，研究了纤维对透水混凝土强度和耐久性的影响。结果表明粗纤维加入降低了透水混凝土渗水能力，对抗压强度影响不大，但可显著提高表面抗磨耗和抗冻融能力，且较长的 56mm 纤维比 38mm 纤维具有更好的性能（图 1.18 和图 1.19）。

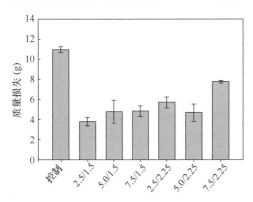

图 1.18　表面抗磨耗

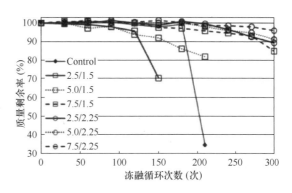

图 1.19　抗冻融能力

（4）空隙特性与渗水能力

透水混凝土中需保证足够的空隙以保证雨水的渗透能力，水泥浆用量、骨料粒径及级配、压实等因素都会影响到空隙特性及渗水性能。尽管已有研究表明渗水能力随着空隙率的增加而增加，但有时较高空隙率并不能保证较高的渗透能力。渗水特性与空隙的连通性、渗透路径、空隙大小等因素都有关系。现有的研究主要集中在整体空隙率或连通空隙率与渗水性能的关联，而空隙结构与渗水性能间的关联研究相对较少。

1）空隙特性

李荣炜等[34]将混凝土的骨料假设为球形，研究建立了多孔混凝土的空隙率与粗骨料表面包裹的水泥浆体厚度之间的关系式，当粗骨料表面包裹的浆体厚度为 $439\sim973\mu m$ 时，其空隙率变化为 $21.8\%\sim33.8\%$。通过 X 射线计算机断层扫描（X 射线 CT）进行验证表明，ASTM C1754 在确定透水混凝土样品的空隙率方面足够准确[35-38]。X 射线 CT 可以对孔结构进行可视化和进一步分析，在这种方法中，将 X 射线束从不同角度渗透混凝土样品，使用图像分析软件从多个二维（2D）图像中重建三维（3D）图像，从而实现透水混凝土样本的 3D 重建模型来建立平均孔径及其尺寸分布[39,40]。蒋昌波等[41]（2018）研究表明，空隙率为 13%，20%，25% 和 28% 的透水混凝土试样的平均孔径分别为 3.38mm、4.74mm、5.4mm 和 7.47mm。其他研究使用 X 射线 CT 来建立经验关系，以基于混合料输入参数（例如骨料尺寸）计算孔径[42,43]。X 射线 CT 另一个应用是使用扫描的透水混凝土 3D 重构模型对透水混凝土的渗透行为进行建模，并确定堵塞问题[36,44-46]。

2）渗水能力测试方法

目前使用比较多的渗水能力测试方法主要有变水头和常水头两种（图 1.20）。常水头测试过程中试件顶面和测试水位之间的高度保持不变，水流压力保持不变。变水头测试过程中随着渗水试验的进行水位高度不断下降，水压力持续降低。这两种方法都可以对规定尺寸的透水混凝土试块（一般为圆柱形）测试单位时间内渗透通过试件的水量来反映试件的渗水能力。

文献[47]~[51]研究了透水混凝土空隙率与渗透能力的关系。由于渗水测试方法差异，尽管测试结果有一定差异，但规律都是相似的，即渗水能力随着整体空隙率的增加而增加，两者关系为指数型，随空隙率的增加，渗水能力呈加速增加趋势，如图 1.21 所示。

除了单纯研究空隙率与渗透的关系之外，文献[52]试图研究了空隙的垂直分布规律对渗水能力的影响。选用 4 种级配，采用表面击实方法成型试件，通过垂直切片和横向切片方法分析试件空隙率沿竖向的分布规律（图 1.22）及横向切片后剩余试件的渗水规律（图 1.23）。试验结果表明，采用试件的平均空隙率预测试件的渗透率会得到较大的结果，试件的渗透性受空隙的垂直分布规律影响较大，特别是垂直方向的最小空隙率对试件的整体渗透性影响较大。因此，利用实测空隙率值准确预测渗透性时，需要首先了解压实透水混凝土试件中的垂直空隙率分布。而透水路面的垂直空隙分布特性与铺筑厚度、压实方法、级配等因素有关，当前研究中的渗透率-空隙率关系不包括垂直空隙率分布的影响，应考虑这一点之后进行修订。

图 1.20　变水头和常水头测试装置

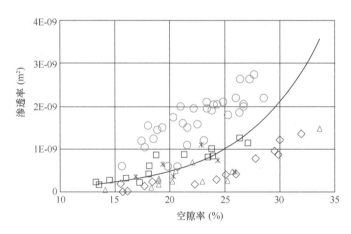

图 1.21　渗透性与空隙率关系

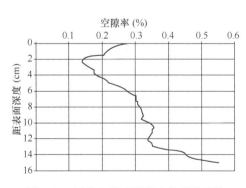

图 1.22　试件空隙率沿竖向的分布规律

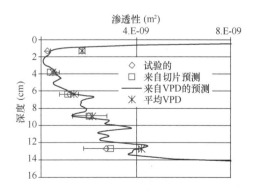

图 1.23　横向切片后剩余试件的渗水规律

尽管在透水混凝土方面取得了一些研究成果，但透水水泥混凝土作为铺面材料除了要求其一定的透水能力外，同时还需具备较高的强度和良好的抗耐久性能。目前针对透水混凝土的研究主要存在以下问题和不足：

（1）透水混凝土作为铺面材料时，缺少骨料骨架特性及其对透水混凝土性能的影响研究。透水混凝土的骨架结构除了受骨料本身形状、粒径分布、表面粗糙度等特性影响外，还与水泥浆的用量与稠度、成型压实方法等因素有关，系统评价骨料的骨架状态可由此优选骨料类型，确定合理级配，继而研发成型方法及评价标准。目前该方面研究不足，骨料骨架对透水混凝土性能的影响研究更不多见。

（2）透水混凝土的耐久性不足，特别是在冻融环境下，透水混凝土的整体性能衰减速度较快。透水混凝土铺面材料直接暴露于外部环境中，受到雨水的侵蚀和环境温度变化的影响，其表面受到人群、车辆等荷载的作用，透水混凝土常发生松散剥落、冻融破坏等早期损坏。这与骨料间嵌锁、骨料-水泥浆间的粘结状态等因素密切相关，从微细观角度研究骨料-水泥浆的粘结性能，进而将微细观性能与透水混凝土整体宏观性能的关联，目前这方面主要集中于宏观性能试验研究，对微细观性能研究不足。

（3）透水混凝土的微细观空隙结构、空隙率、强度以及耐久性能之间的平衡点研究较少。透水混凝土的透水能力由空隙率和空隙结构决定，而空隙的存在削弱了透水混凝土的强度和耐久性能。减少较大空隙数量，改善空隙结构可同时兼顾排水能力、强度以及耐久性。因而，从透水混凝土中骨料-水泥浆-空隙三相状态出发，兼顾各方面性能，提出材料选择方法，优化配合比设计，寻求透水能力、强度、耐久性之间的最佳平衡点非常重要。该方面目前缺少深入的认识和研究。

1.4　本书的主要内容

透水混凝土是一种多孔骨架结构，其性能受到骨架结构、水泥浆特性、空隙结构等多个因素影响，同时还与压实方法、压实水平、添加料等因素有关。目前应用的主要场合为非机动车道、停车场、广场的场合，但在使用过程中常见的缺陷为表面易出现松散剥落，抗磨耗能力较差、抗冻融能力较差，这些与透水混凝土本身的材料特点和施工工艺有密切关系。因而，针对透水混凝土多孔骨架型的结构特点，从材料设计及成型方法等方面系统地研究其力学性能和耐久性，提高透水混凝土的使用性能，对推广该类型铺装材料具有重要的意义。本书的主要内容包含以下方面：

（1）透水混凝土成型方法。采用冲击击实、振动击实等方法，分析不同成型方法对新拌透水混凝土和硬化透水混凝土的密实发展规律、空隙变化及对性能的影响，提出建议的室内试验成型方法和标准。

（2）透水混凝土水泥浆特性与包裹厚度的关系。从水泥浆的特性出发，包括流动度、黏度等，进行水泥浆对骨料的包裹试验，分析不同水泥浆特性时，最大包裹厚度的变化规律，提出水泥浆的流动特性、黏度特性及最大水泥浆用量的建议，防止成型过程中透水混凝土空隙堵塞，影响后期的渗水能力。

（3）透水混凝土颗粒间粘结特性。透水混凝土的力学性能与骨料间的粘结状态密切相关，为此，考虑骨料的岩性差别（花岗岩、石灰岩）、骨料颗粒的表面粗糙状态、水泥浆的包裹厚度等因素，设计室内试验，研究骨料颗粒间在拉力作用下的变形规律及强度变化。

（4）透水混凝土空隙结构及渗透特性。透水混凝土的空隙结构与透水混凝土中各组成材料特点及比例有关，同时直接影响到渗透性。本部分借助切割及 CT 扫描的方式分析二维空隙结构、三维空隙结构的特性及其受试件整体空隙率、级配等因素的影响，同时分析不同空隙特性与渗水特性之间的关联。

（5）透水混凝土使用性能。对透水混凝土力学性能、耐久性能、表面抗松散性能进行室内试验，分析抗压、抗弯拉、抗冻融及表面抗松散特性，考虑空隙率、级配、水泥浆用量等参数变化，系统分析透水混凝土的使用性能。同时，研究纤维、聚合物、橡胶颗粒等添加物对透水混凝土使用的影响。

（6）透水混凝土设计方法。将实测空隙率、骨料骨架特性、水泥浆特性及包裹厚度作为性能影响因素，研究基于渗水能力、强度、耐久性（冻融、表面松散）为性能指标的平衡设计方法。平衡考虑各性能指标之间的关联及透水混凝土应用场合的具体性能要求，综合确定透水混凝土材料组成设计方法。

第 2 章 透水混凝土成型方法

与普通混凝土相比，透水混凝土既要满足一定强度、耐久性等力学性能要求，又要满足透水性的功能要求。透水混凝土力学性能和透水性能不仅受到集料粒径、级配、胶结材料、水灰比、骨灰比、外加剂及搅拌工艺等多种因素的影响，而且还受到成型方式的影响。本章主要基于室内试验研究击实成型方式和振动成型方式对透水混凝土强度、透水性、空隙率的影响，为透水混凝土的成型方法提供参考。

2.1 骨料及骨架特点

2.1.1 骨料的基本特点

（1）骨料的粒径

公路用集料一般有两个粒径指标，一个是最大粒径，另一个是公称最大粒径。公称最大粒径是指骨料可能全部通过或允许有少量不通过（一般允许筛余不超过 10%）的最小标准筛筛孔尺寸，通常比骨料最大粒径小一个粒级。配制透水混凝土所用骨料的公称最大粒径范围通常在 2.36~19mm 之间，大于 20 mm 的骨料应控制在 5% 以内，不使用或少量使用细骨料。透水混凝土基层石子，多用粒径 10~20mm 的骨料；透水混凝土面层石子，多选择粒径为 5~10mm 的骨料。透水混凝土中粗骨料起骨架作用，采用一定比例的水泥对骨料进行粘结和填充骨料间空隙，因此，骨料的粒径、形状、堆积状态及水泥浆粘结特性都会影响透水混凝土的使用性能。

（2）骨料类型

常用的骨料有碎石、卵石、建筑废弃物再生骨料、工业固废再生骨料等（图 2.1），在粒径和级配相同时，宜优先选用强度高、表面粗糙、容易挂浆的人工破碎碎石。河卵石在堆积状态下空隙率较小，为保证透水混凝土的透水性，以河卵石作为骨料时，胶结料的用量应适当减少。对于工业固废等再生骨料，要注意区分种类，如火山渣、碎旧瓷砖骨料，它们的硬度小，而钢渣硬度较大，应该分别选择合适的场所施工，同时对于前者制备混凝土时要考虑其吸水性，对于矿上尾矿的骨料，要注意风化石、石粉含量等对透水混凝土的影响。

不同类型的骨料具有不同的性质，如不同类型的骨料其颗粒形状不相同，另外，骨料颗粒内部存在连通空隙，影响其密度及吸水特性，进而影响透水混凝土的工作性和硬化后的性能。因此，在选用骨料时应首先对其进行性能测试，包括选用骨料的粒径范围及分布、压碎指标、针片状颗粒含量、吸水率等多方面指标，然后进行有害物质的清理，如泥沙、灰尘等。

图 2.1 骨料类型

(a) 碎石；(b) 卵石；(c) 建筑垃圾；(d) 工业废渣

（3）骨料的级配

骨料级配即为骨料中各粒径的分布情况，骨料级配分为连续、间断（开级配）和单一级配三种。根据紧密堆积理论和粒子干涉理论，不同粒级的骨料有不同的堆积空隙状态，骨料之间的空隙可以被次级粒级填充，次级粒径能被更小颗粒的粒子填充，骨料之间堆积更加紧密，透水混凝土内部孔洞减小，骨料之间咬合力加强，如图 2.2 所示。从透水性来看，单一级配和间断级配优于连续级配，从力学性能看，后者强于前者，在实际工程中一般多选用单一级配和间断级配，很少选用连续级配。

选取的骨料级配不同，其比表面积有极大的差异。骨料的比表面积间接影响了透水混凝土的力学性能，在相同的浆体用量下，不同粒径的骨料制备的透水混凝土不同，不仅在于骨料粒径不同会导致骨料之间的接触点数目不同，更在于粒径不同的骨料比表面积不同。骨料比表面积不同会导致骨料表面的浆体包裹层厚度不同，因此，并不能为了追求更多的骨料接触点而选用粒径最小的骨料，同时应考虑骨料粒径减小、比表面积增大带来的浆体包裹层减小问题，寻找最佳级配范围。

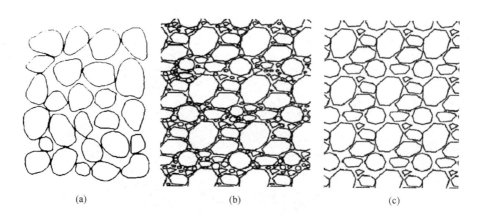

(a)　　　　　　　　　　　(b)　　　　　　　　　　　(c)

图 2.2　不同级配骨料堆积空隙状态
（a）单一级配；（b）连续级配；（c）间断级配

2.1.2　骨架特点

透水混凝土的骨架结构主要由骨料堆积构成，以粗骨料为主，属于骨架空隙结构。骨料组成的骨架结构的不同形式对透水混凝土各方面性能均有较大的影响，尤其是透水混凝土的强度性能和透水性能。透水混凝土应具备良好的透水性能，但良好的透水性能需要材料内部具有大量的贯通空隙，大量研究表明随着透水混凝土内空隙率增加，混凝土的强度急剧下降。因此，透水混凝土的设计不同于普通混凝土，其强度特性和透水特性通常是一对矛盾体，既要满足一定透水能力，同时还需考虑其使用强度和耐久性，两者只有紧密结合、统筹考虑才能设计出满足使用性能要求的材料。

为保证透水混凝土的骨架空隙结构，其骨料级配通常以单一级配或开级配为主，使堆积骨料含有大量的堆积空隙从而实现混凝土的透水性。对于骨料骨架的评价可以通过堆积空隙率或相关力学指标反映。

（1）骨料间隙率

不同的骨料级配、不同的成型方式下，骨料的间隙率将会不同。骨料的间隙率反映了骨架间空隙的大小，间隙率越小骨架就越密实，反之就越松散。颗粒粒径越大，骨料间隙率越大，以级配 G1：2.36～4.75mm（30%），4.75～9.6mm（70%）；G2：4.75～9.6mm（80%），9.6～13.2（20%）为例，G1 级配相对较细，含有 30%质量的 2.36～4.75mm 细颗粒，而 G2 颗粒均以粗颗粒为主，且含有 20%质量的 9.5～13.2mm 粗颗粒，对两种级配颗粒的捣实状态骨料间隙率进行测试，如图 2.3 所示。G1 级配的骨料间隙率小于 G2 级配。

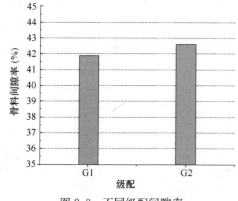

图 2.3　不同级配间隙率

（2）加州承载比（CBR）

CBR 是用于评价材料承载力的指标，在我国多用于路基填料选择，近年研究中也用于评价路面面层材料的承载能力。研究表明，

CBR 值越大，矿料的骨架强度越大，骨架间的稳定性越好。

（3）单轴贯入试验

骨料的抗剪能力主要由骨料间的嵌锁力和外围材料的侧向约束力决定。由于松散集料本身是一个不稳定体，对外力的作用较敏感，不同的骨料组合方式其骨架破坏时贯入荷载的大小与深度均不同。单轴贯入试验能够很好地反应骨架的抗剪能力和嵌锁性能。

2.2　击实成型方法研究

2.2.1　击实仪器

采用马歇尔自动击实仪进行透水混凝土击实试验，但需对其进行改造才能击实成型 10cm×10cm×10cm 的立方体试块。试验前，把原先的试筒以及试筒下方的固定块取下，在平台上放一块钢块，使得试模能够平稳地放在钢块上。然后对试模和套筒进行改造，先把原来试模上部的四个角以及套筒下端的四个角切割掉，使得试模和套筒能够放在钢块中心位置，击实锤能够击实到套筒上垫块中心的位置，然后在套筒上两边的中心位置焊接两个锁口，能够使仪器上的试模锁紧装置把试模固定住，在击实的时候保持稳定。改造后的马歇尔自动击实仪和试模见图 2.4 和图 2.5。

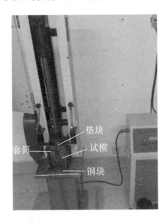

图 2.4　马歇尔击实仪

图 2.5　混凝土试模

2.2.2　原材料及配合比

（1）原材料

1）水泥：山水牌普通硅酸盐水泥（P·O42.5 级），详细参数见表 2.1。

2）集料：玄武岩碎石，采用级配 G1：2.36～4.75mm（30%），4.75～9.6mm（70%），G2：4.75～9.6mm(80%)，9.6～13.2(20%)。骨料的性能指标见表 2.2。

水泥详细品质参数表　　　　　　　　　　表 2.1

检验项目	标准稠度（%）	初凝时间（min）	终凝时间（min）	安定性	抗压强度（MPa）	
					3d	28d
结果	28	150	250	合格	24.7	47.2

粗骨料空隙率

表 2.2

级配	紧密堆积密度（kg/m³）	表观密度（kg/m³）	骨料空隙率（%）
G1	1670	2875	41.9
G2	1646	2855	42.3

（2）配合比设计

根据上述骨料参数，采用体积法进行配合比设计。

体积法设计原理就是假定水泥浆均匀地包裹住骨料，然后通过骨料紧密堆积的空隙率以及目标空隙率求得水泥浆体量。具体步骤为：

1）单位体积粗骨料用量

$$m_g = \alpha \cdot \rho_g \tag{2.1}$$

式中：m_g ——单位体积透水混凝土粗骨料用量（kg）；

ρ_g ——粗骨料表观密度（kg/m³）；

α ——折减系数，与刚成型的湿试块的间隙率有关，一般取 0.98。

2）水泥浆体体积

$$V_p = 1 - \alpha \cdot (1 - V_c) - R_{void} \tag{2.2}$$

式中：V_p ——水泥浆体体积（%）；

V_c ——粗骨料空隙率（%）；

R_{void} ——设计空隙率（%）。

3）单位体积水泥用量

$$m_c = \frac{V_p}{\rho_c \cdot R_{w/c} + \rho_w} \cdot \rho_c \cdot \rho_w \tag{2.3}$$

式中：m_c ——单位体积透水混凝土水泥用量（kg）；

V_p ——水泥浆体体积（%）；

ρ_w ——水的密度（kg/m³）；

ρ_c ——水泥的密度（kg/m³），一般取 3100kg/m³；

$R_{w/c}$ ——水灰比。

4）单位体积水的用量

$$m_w = m_c \cdot R_{w/c} \tag{2.4}$$

式中：m_w ——单位体积透水混凝土水的用量（kg）；

$R_{w/c}$ ——水灰比。

最后计算出的各材料用量见表 2.3。

配 合 比

表 2.3

级配	设计空隙率（%）	水灰比	骨料（kg）	水泥（kg）	水（kg）
G1	21	0.3	1636.6	355	106.5
G2	21	0.3	1613	361.4	109

2.2.3 透水混凝土击实成型

采用马歇尔自动击实仪进行透水混凝土成型，锤重 4.5kg，落距 457mm，击实次数设为 60 次、70 次、80 次、90 次、100 次。将拌合物装入 100mm×100mm×100mm 的试模中，然后按照设定的次数进行自动击实成型。击实结果如图 2.6 所示。

图 2.6　成型后的试块

2.2.4　不同击实次数试验结果分析

（1）成型好的试块经过养护硬化后，不同击实次数下透水混凝土试块的体积如图 2.7 所示。

由图 2.7 可以看出，随着击实次数的增加，透水混凝土试块的体积逐渐降低。刚开始击实时，体积下降的速度较快，在击实 60～80 次时，试块的体积从 1020cm³ 下降到 1006cm³，当击实 80 次时透水混凝土试块的体积下降速度开始减慢，击实到 90 次时，透水混凝土试块的体积仅降低了 4cm³，透水混凝土试块的体积为 1002cm³，试块体积开始到达稳定状态，此时试块体积接近试模体积 1000cm³，此时透水混凝土试块达到较密实状态。产生此现象的原因主要在于起初随着击实次数的增加，颗粒在击实压力作用下相互间产生较大位移，松散混合料体积能够较容易地被压缩，从而使得试块的体积下降速度较快；之后随着击实次数的再次增加，颗粒间的位移减小，则体积趋于稳定。

（2）不同击实次数下透水混凝土抗压强度结果分析

抗压强度的测定参照国家标准《混凝土物理力学性能试验方法标准》GB/T 50081—2019，用于抗压强度测定的试件尺寸是边长为 100mm 的立方体试件，养护龄期为 28d。不同击实次数下的透水混凝土试块每组取 3 块试块进行抗压强度的测定，最后测定结果取 3 个试件的平均值。测试结果见图 2.8。

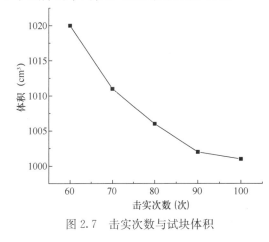 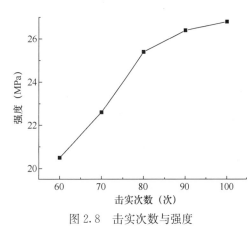

图 2.7　击实次数与试块体积　　　　　图 2.8　击实次数与强度

由图 2.8 可以观察出，随着击实次数的增加，透水混凝土试块的抗压强度增加。当击实次数由 60 增加到 80 时，强度增加的速度快，强度从 20.5MPa 增加到 25.4MPa，增加了 4.9MPa，而击实 90 次时，强度增加到 26.5MPa，此时抗压强度出现平缓趋势。这是由于击实次数的增加，骨料间的接触点快速增多，因而强度提高的速度较快。在击实 90 次后增长缓慢，这是因为随着对拌合物的持续击实增压，拌合物的体积不再改变，则试块的密度将不再增加，骨料之间互相继续被挤压，骨料间的接触点增多的幅度不大，骨料间的啮合力增加缓慢，因此混凝土的强度增加的幅度较小。

（3）不同击实次数下透水混凝土的连通空隙率试验分析

测量空隙率的方法按原理分为两种：体积法和重量法。体积法测定是使用美国 Core Lok 真空密度仪，这种方法测定结果准确，但操作过程较复杂；重量法采用浸水天平，此法操作简便快捷，一般用于对透水混凝土空隙率的快速测定。因此，本试验采用重量法进行透水混凝土有效空隙率的测量。测量结果见表 2.4 和图 2.9。

击实次数与有效空隙率 表 2.4

击实次数（次）	60	70	80	90	100
有效空隙率（%）	27.3	24.3	20	18.4	17.9

由图 2.9 可以看出，随着击实次数的增加，透水混凝土的连通空隙率逐渐减小。在击实 60～80 次过程中出现大幅度下降，从 27.3% 下降到 20%，降低了 7.3%，而从击实 80～90 次以及击实 90～100 次时，连通空隙率分别降低了 1.6% 和 0.5%。在击实 80 次时出现平缓趋势，到击实 90 次时基本上不再出现明显的下降趋势。究其原因主要是开始击实时，骨料颗粒之间很容易压实紧密，空隙数量减少较快，所以下降的速度较快，到击实 80 次以后，小颗粒都填充到空隙之中，试块逐渐击实密实，其内部的空隙率进一步减小，因此连通空隙也逐渐降低，到击实 90 次时呈现平缓趋势。

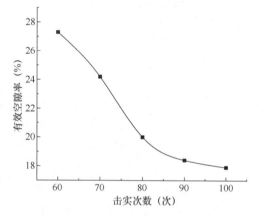

图 2.9　击实次数与有效空隙率

（4）不同击实次数下透水混凝土的透水系数分析

试验采用定水头法，将养护至规定时间的试件四周密封严实，使水流仅能从试件的上表面进入下表面流出，待密封材料凝固后，将试件完全浸入水中浸泡使其充水饱和，然后将试件与透水系数试验装置（图 2.10）连接进行试验。记录透过试件 1L 水量所需要的时间，测量 3 次后取平均值，量取透水筒中水位与水槽内水位差，精确至 1mm，并测量出水槽中水的温度，精确至 0.1℃。计算式如下：

$$K_{\mathrm{T}} = \frac{h_2 - h_1}{(t_2 - t_1)A} \tag{2.5}$$

式中：K_{T}——水温为 T℃时试块的透水系数（mm^3）；

h_1——套筒内水面的初始高度（mm）；

h_2——经过 t 时间的流水后套筒内的水面高度（mm）；

t_1——初始时间（s）；

t_2——透过混凝土试块 1L 水时的时间（s）；

A——试块的上表面接触的面积（mm^2）。

图 2.10　渗透系数测量仪

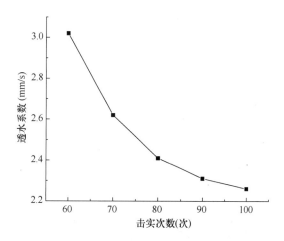

图 2.11　击实次数与透水系数

由图 2.11 可知，透水系数与击实次数存在一定的对应关系，随着击实次数的增加，透水系数逐渐减小。当击实次数少于 90 次时，试块的透水能力下降速度较快。随着击实次数继续增加，试块的透水能力下降程度逐渐变缓。在击实 90 次时，透水系数为 2.31mm/s；击实 100 次时，透水系数为 2.23mm/s。主要原因是由于骨料间的接触增多，透水混凝土更加密实，其内部的空隙率逐渐减小，因此透水系数逐渐降低。同时表明，击实 80～100 次时透水系数均能较好地达到≥0.5 mm/s 要求。

由以上在不同击实次数情况下对透水混凝土各性能的系统分析得出，在击实 90 次时，透水混凝土的性能比较好。以下在击实 90 次时，以不同水灰比（0.25、0.3、0.35）、不同设计空隙率（18％、21％、24％）以及不同颗粒级配为例，分析自动击实成型方法对透水混凝土的影响。

2.2.5　水灰比对试验结果分析

（1）不同水灰比下，水泥净浆流动度及透水混凝土的强度结果分别如图 2.12 和图 2.13 所示。

由图 2.12 和图 2.13 可以观察出，随着水灰比的增加，水泥浆流动度和透水混凝土的抗压强度增加。水灰比在 0.25 时，抗压强度为 22.8MPa，当水灰比增加到 0.3 时，抗压强度为 26.5MPa，增加了 2.7MPa，水灰比为 0.35 时，抗压强度增加了 1.7MPa。究其原因主要是当水灰比较小时，水泥浆体干涩、流动性较差，不利于水泥浆体更好地包裹骨料颗粒，水泥浆体不能充分地填充到骨料颗粒间的空隙中，并且影响了少部分水泥的水化充分程度，对透水混凝土的抗压强度削弱较大；在水灰比增大后，水泥浆体的和易性得到改

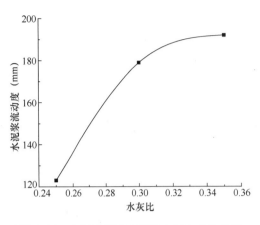

图 2.12 水泥净浆流动度随水灰比变化曲线   图 2.13 不同水灰比与 28d 强度关系

善，水泥浆体在搅拌工艺作用下与骨料拌和充分，水泥浆体均匀地包裹在骨料表面，提高了抗压强度。但是当水灰比较高时，水泥浆体水化程度高，流动性过大，击实成型过程中，由于水泥浆体的润滑作用，成型的透水混凝土会更加密实，提高了透水混凝土的抗压强度，但是会减小内部的连通空隙。

（2）不同水灰比下，透水混凝土的空隙率与透水系数结果如图 2.14 和图 2.15 所示。

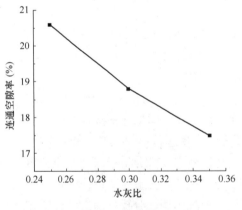 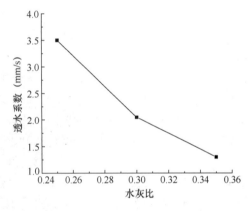

图 2.14 水灰比与连通空隙率关系   图 2.15 水灰比与透水系数关系

由图 2.14 观察出，透水混凝土的连通空隙率随着水灰比的增加而降低。这主要是由于水灰比增大，导致水泥浆流动度增加，水泥浆体黏度降低，则使得部分浆体不能包裹在骨料表面，而是顺着内部连通空隙流至试块底部，使得底部空隙被堵塞，连通空隙数量减少。

由图 2.15 观察出，透水混凝土的透水系数随着水灰比的增加而降低，水灰比为 0.35 时，透水系数最低，为 1.2mm/s。主要是由试块的连通空隙率所决定，从图 2.14 可知，连通空隙率呈现降低趋势，连通空隙的数量减少，导致透水混凝土的透水性能较弱，透水系数较低。

2.2.6 不同设计空隙率下透水混凝土试验结果

（1）不同空隙率的抗压强度结果如图 2.16 所示。

由图 2.16 可知，随着设计空隙率的增加，透水混凝土的抗压强度增加，在设计空隙率为 18%、21%、24%时，28d 抗压强度分别为 28.9MPa、26.2MPa、19.1MPa。主要是因为随着设计空隙率增大，透水混凝土内部空隙增多，水泥浆体的用量减少，水泥浆体层厚度降低，受压时应力集中作用明显，导致抗压强度降低。

（2）不同设计空隙率下连通空隙率与透水系数结果如图 2.17 和图 2.18 所示。

由图 2.17 和图 2.18 可以看出，连通空隙率和透水系数均随着设计空隙率的增加而增加，这是由于设计空隙率的降低，

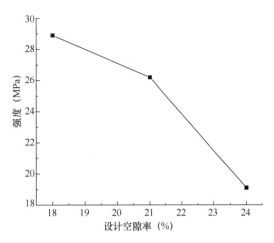

图 2.16　不同设计空隙率与 28d 抗压强度关系

浆骨比逐渐增加，水泥浆体的富余量就会比较多，而富余的水泥浆体可以进一步填充骨料之间的空隙，使得骨料在成型时水泥浆体的厚度增大，就会导致透水混凝土原来连通的空隙减小甚至变得不连通，因而连通空隙率降低。又因为透水混凝土的透水性能随着连通空隙率的变化而变化，当连通空隙率降低时，透水系数也随着降低，则透水系数也随着设计空隙率的降低而减少。

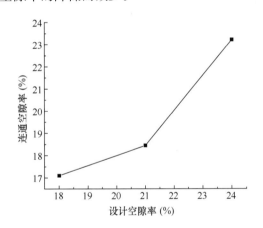

图 2.17　设计空隙率与连通空隙率关系

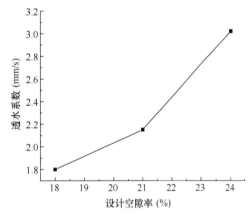

图 2.18　设计空隙率与透水系数关系

2.2.7　不同颗粒级配下透水混凝土试验结果

不同颗粒级配情况下，透水混凝土的各性能试验结果见表 2.5。

透水混凝土的各性能试验结果　　　　　　　　　　　　　　　表 2.5

级配	强度（MPa）	连通空隙率（%）
G1	26.2	18.45
G2	22.5	21.6

由表 2.5 可以观察出，随着颗粒粒径的增加，28d 抗压强度随着骨料粒径的增加而

减小。分析发现，大粒径配比的多孔透水混凝土抗压强度下降的原因是因为骨料粒径大，骨料颗粒之间的咬合点减少，由此产生的咬合摩擦力及其与水泥浆体的粘结力减小所致。

还可以看出，随着骨料粒径的增加连通空隙率也增加。造成这一现象的原因主要是骨料粒径影响骨料的比表面积和接触点数量，骨料粒径越大，骨料间的接触点就会越少，孔洞尺寸越大，导致连通空隙数量增多。

2.3　振动成型方法研究

2.3.1　振动成型仪器

振动击实成型方法采用 ZY-4 振动压实成型机，见图 2.19。

图 2.19　振动成型机

主要技术参数如下：

(1) 额定电压：AC380V　50Hz；

(2) 振动电机功率：4kW；

(3) 振动频率：28～30Hz（0～50Hz 可调）；

(4) 静压力：1900N（可调）；

(5) 激振力：6800N；

(6) 重量：850kg。

2.3.2　原材料及配合比

水泥、碎石等均采用 2.2 节中所列的原材料，配合比见表 2.3。

2.3.3　透水混凝土成型

采用 ZY-4 振动压实成型机,将拌和好的混凝土装入试筒中,分别振动 10s、20s、30s。成型后透水混凝土试块见图 2.20。

图 2.20　振动成型后混凝土试块

2.3.4　结果分析

(1) 透水混凝土抗压强度结果见图 2.21。

由图 2.21 可知,随着振动时间的增加,其抗压强度则呈现出先增长后降低的趋势。在振动 20s 时,透水混凝土强度达到最大值,此时强度为 28.1MPa,之后强度降低;振动 30s 时,试块表面的石子出现明显被振碎现象。分析该现象的原因,主要是由于透水混凝土在成型过程中由于振动作用,骨料在重力作用下不断被挤压运动,达到一定密实程度,骨料间形成良好的机械啮合,因而强度提高。但是随着振动时间的增加,混凝土中的骨料已经紧密接触,难以进一步密实,长时间的振动会导致骨料断裂与破损,使得骨料间缺少水泥浆体粘结,最终导致试件抗压强度急剧下降。

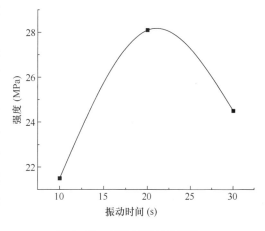

图 2.21　振动时间与抗压强度

(2) 透水混凝土连通空隙率和透水系数结果见图 2.22 和图 2.23。

由图 2.22 观察可知,随着振动时间的增加,透水混凝土的连通空隙率降低。主要是由于振动时间的增加,包裹在骨料周围的水泥浆体会因重力作用下落并填充在混凝土的空隙中,导致连通空隙的数量减少,连通空隙率降低。当继续增加振动时间时,混凝土上部的薄弱处会发生碎裂,碎裂的骨料会继续填充骨料间的空隙,就使得连通空隙率大幅度降低。

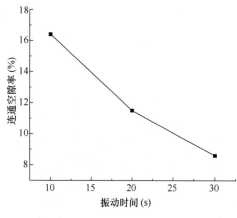
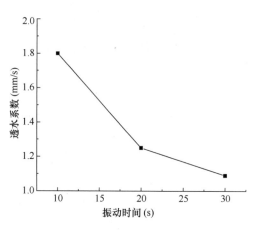

图 2.22　振动时间与连通空隙率关系　　图 2.23　振动时间与透水系数关系

由图 2.23 可知，透水系数和连通空隙率一样，都是随着振动时间的增加而降低，这是因为混凝土的透水性能是由连通空隙率的大小所决定的，在透水混凝土成型过程中由于振动作用，骨料在重力作用下不断被挤压运动，连通空隙的数量逐渐减少，当振动时间再延长，过多水泥浆体沉积在试件底部，甚至出现骨料破碎的现象，堵塞试件底部，导致透水系数急剧下降。

2.4　自动击实成型与振动成型对比

通过分析可知，击实 90 次时透水混凝土能够达到较好的性能，此时，透水混凝土的 28d 抗压强度为 26.5MPa，连通空隙率为 18.6%，总空隙率接近于设计空隙率（21%），透水混凝土具有良好的透水性能。而通过图 2.21 可知，振动成型的时间宜控制为 10～20s，28d 透水混凝土的强度为 24.1～28MPa，但是当振动 20s 时，试块表面的骨料有破碎现象，此时，连通空隙率仅为 12.42%～16.97%，透水效果和强度远没有击实成型的透水混凝土试块的效果好。另外，由于振动时间较短，对时间的控制较严格，所以透水混凝土成型方法选择自动击实法，击实次数为 90 次，能达到较好的性能效果。

2.5　本章小结

透水混凝土主要依靠骨料之间点接触形成骨架，再由浆体硬化使其形成整体结构，因而透水混凝土的成型方法不同于普通混凝土。本章介绍了自动击实成型方法和振动成型方法，通过对成型试块的效果分析，结论如下：

（1）对于自动成型方法，通过不同次数的击实，对试块的强度、连通空隙率以及透水系数分析，在击实 90 次时，透水混凝土的抗压强度为 26.5MPa，透水系数为 2.23mm/s，试块的性能较优。

（2）通过两种成型方式对比，发现自动击实成型方法能使透水混凝土有较好的强度和良好的透水性能；而振动成型方法，得到的透水混凝土试块的强度较高，但透水系数较低。

（3）在固定击实次数为 90 次时，分析了不同因素对透水混凝土性能的影响。随着水灰比的增加，透水混凝土的抗压强度增加，而连通空隙率和透水系数降低；随着设计空隙率的增加，透水混凝土的强度降低，连通空隙率和透水系数增加。

第3章　透水混凝土水泥浆特性

从本章开始，将通过透水混凝土水泥浆的各项特性展开，水泥浆体包裹层厚度主要取决于水泥浆体的流变特性和骨料的特性，只有具有适当流变特性的水泥浆体，才能在不堵塞空隙的情况下达到最大浆体包裹厚度，透水混凝土的渗透性和力学性能均达到最佳，从而配合比设计达到最佳。因此，在确定透水混凝土配合比设计方法之前，必须明确水泥浆体流变特性与最大包裹厚度之间的关系。

3.1　水泥净浆流动度的测定

关于测试水泥浆体流动度的方法，本文借鉴国家标准《混凝土外加剂匀质性试验方法》GB/T 8077—2012中水泥净浆流动度测试方法进行测定，首先采用水泥净浆搅拌机搅拌水泥浆体（图3.1）；然后将搅拌好的净浆倒入标准截模内，并用刮刀将上表面抹平，其中截模的标准尺寸为上口直径36mm，下口直径60mm，高60mm内壁光滑的标准截模（图3.2）；接着将标准截模缓缓提起，水泥浆体在光滑无摩擦的玻璃板上自动流平；待水泥浆体稳定后，用钢直尺测量玻璃板上水泥浆体相互垂直的两个方向的直径，取两个直径的平均值。

图3.1　水泥净浆搅拌机　　　　　图3.2　水泥净浆流动度试模测试仪

上述测试方法中水泥净浆流动性较大，可以在平面上自由流淌，而在透水混凝土中，笔者发现由于最大包裹厚度状态下的水泥浆体黏度较大，不能自由流淌，当缓慢提起截模时，水泥浆体在玻璃板上呈圆台形，所以完全照搬标准发现并不具备可操作性。对于这种较黏稠的浆体，参照水泥胶砂流动度测试方法采用跳桌法测试。

本书的流动度的测量方法如下：首先配制水泥净浆，将水泥、水和其他掺加剂加入搅拌锅内进行搅拌；然后将水泥浆体倒入标准截模内，水泥浆体装满标准截模后，为了排出水泥浆体的内部气泡，用钢尺插捣水泥浆体，再用刮刀将多余的水泥浆体沿圆模刮掉；最后将标准截模轻轻垂直提起，启动跳桌，跳桌跳动 25s 后，用钢尺量取水泥浆体底部垂直方向的两个直径，取两个直径的平均值作为水泥浆体流动度，水泥净浆倒入截锥圆模见图 3.3，水泥净浆流动度的测量见图 3.4。

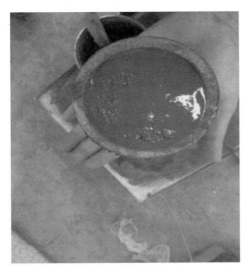

图 3.3 水泥净浆装满截模

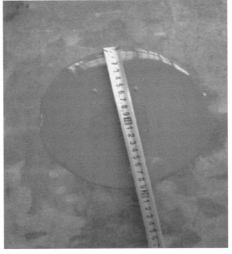

图 3.4 水泥净浆流动度的测量

用于制备透水混凝土的水泥净浆，由 W、WR、Si 和 NS 系列 24 种水泥净浆分别通过改变水灰比、减水剂、硅灰和纳米硅置换量设置而成。本书测定了水泥浆体的流动度，水泥浆体的流动度参见表 3.1，水灰比的改变范围为 0.25～0.5，减水剂的置换量为 0.2%～0.4%，硅灰和纳米硅的内掺量分别为 2%～10% 和 0.2%～1%。

水泥浆体流动度　　　　表 3.1

系列	样品	水灰比	减水剂(%)	硅灰(%)	纳米硅(%)	流动度(mm)
W	W-0.25	0.25	0	0	0	127.2
	W-0.3	0.3	0	0	0	180.1
	W-0.35	0.35	0	0	0	194.6
	W-0.4	0.4	0	0	0	283
	W-0.45	0.45	0	0	0	315.5
	W-0.50	0.5	0	0	0	335.5
WR	WR-0.25-0.2	0.25	0.2	0	0	132.5
	WR-0.25-0.23	0.25	0.23	0	0	200.3
	WR-0.25-0.27	0.25	0.27	0	0	226
	WR-0.25-0.3	0.25	0.3	0	0	270
	WR-0.25-0.33	0.25	0.33	0	0	282.3
	WR-0.25-0.37	0.25	0.37	0	0	302
	WR-0.25-0.4	0.25	0.4	0	0	325
Si	Si-0.25-0.4-2	0.25	0.4	2	0	241
	Si-0.25-0.4-4	0.25	0.4	4	0	227
	Si-0.25-0.4-5	0.25	0.4	5	0	206
	Si-0.25-0.4-6	0.25	0.4	6	0	181
	Si-0.25-0.4-8	0.25	0.4	8	0	157.5
	Si-0.25-0.4-10	0.25	0.4	10	0	121.5
NS	NS-0.25-0.4-0.2	0.25	0.4	0	0.2	243.7
	NS-0.25-0.4-0.4	0.25	0.4	0	0.4	201.6
	NS-0.25-0.4-0.6	0.25	0.4	0	0.6	177.2
	NS-0.25-0.4-0.8	0.25	0.4	0	0.8	136.5
	NS-0.25-0.4-1.0	0.25	0.4	0	1.0	116.5

通过测量以上 24 种水泥净浆的流动度，利用 Origin 软件，对以上 4 个系列的流动度进行了曲线的拟合，拟合结果见图 3.5～图 3.8。

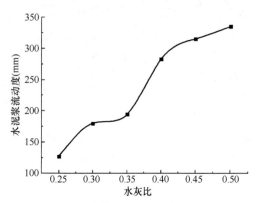

图 3.5　水泥净浆流动度随水灰比变化曲线

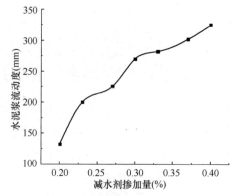

图 3.6　水泥净浆流动度随减水剂掺加量变化曲线

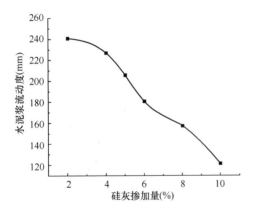

图 3.7　水泥净浆流动度随硅灰掺加量
变化曲线

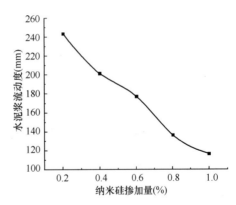

图 3.8　水泥净浆流动度随纳米硅掺加量
变化曲线

水灰比和水泥浆流动度之间的拟合方程为：

$$y = \frac{\alpha}{1 + \exp[-k(x - xc)]}$$ （3.1）

式中，α＝410.98±74；

　　　xc＝0.34±0.042；

　　　k＝10.12±3.09。

相关系数 R^2＝0.975。

W 系列水泥净浆流动度随水灰比的增加呈 Slogistic 函数增大，水泥净浆流动度随水灰比的增加由一开始的急剧增加，变为后来的缓慢增加，说明水灰比对水泥浆流动度的初始影响比较明显，后期水灰比达到 0.4 以后，其流动度本身达到一个较大数值，其增加趋势也趋于缓慢状态，水灰比对水泥浆流动度的影响逐渐降低。

减水剂掺加量和水泥浆流动度之间的拟合方程为：

$$y = \frac{\alpha}{1 + \exp[-k(x - xc)]}$$ （3.2）

式中，α＝335.86±10.53；

　　　xc＝0.226±0.00468；

　　　k＝16.89±1.78。

相关系数 R^2＝0.975。

WR 系列水灰比为 0.25 的水泥浆，掺加减水剂为水泥用量的 0.23% 时，其流动度就能达到 W 系列 0.35 水灰比的流动度，掺加 0.37% 减水剂的水泥浆体流动度与 0.45 水灰比的水泥浆流动度基本一致。可见掺加减水剂对水泥浆流动度的改变是显著的。当然由图 3.6 可以看出，随着减水剂以 0.03% 的速率增加，水泥浆的流动度增加速度也是先快速增加后来趋于缓慢，当减水剂掺加量达到 0.27% 时，水泥浆的流动度增加幅度趋于平缓。

硅灰掺加量和水泥浆流动度之间的拟合方程为：

$$y = Intercept + B_1 x + B_2 x^2$$ （3.3）

式中，$Intercept$＝266.568±15.145；

　　　B_1＝−10.26±5.5；

$B_2 = -0.433 \pm 0.443$。

相关系数 $R^2 = 0.98$。

纳米硅掺加量和水泥浆流动度之间的拟合方程为：

$$y = a - b\ln(x+c) \tag{3.4}$$

式中，$a = 127.79 \pm 34.04$；

$b = 102.63 \pm 68.81$；

$c = 0.1 \pm 0.3533$。

相关系数 $R^2 = 0.97$。

纳米颗粒由于粒径小，比表面积大，在水泥净浆中会由于其较大的需水量而导致水泥净浆流动度下降。由图 3.8 可以看出，内掺纳米硅以后，水泥净浆流动度急剧降低，每增加 0.2% 水泥用量的纳米硅掺加量，水泥浆流动度损失速度高达 11.94%～25.4%，掺加量达到 1% 时，流动扩展度损失量达到了 52.19%，与掺加硅灰相比，纳米硅流动度损失量约是硅灰的 10 倍。说明纳米硅的需水量较大，需水量大约是硅灰的 10 倍，对水泥净浆的流动度效果影响非常明显。

3.2 水泥净浆黏度的测定

本试验采用上海平轩科学仪器有限公司生产的 SNB-2 数字黏度计，来测量水泥净浆的黏度。SNB-2 数字黏度计由主机、转子、底座、升降立柱组成，属于旋转式黏度计，通过弹簧带动转子在流体中旋转对流体施加剪切力，旋转扭矩传感器测得弹簧的扭变程度即扭矩，它与转子在水泥浆体中剪切时受到的阻力具有一定比例关系，因而可以表征浆体的黏度值，其量程主要与转子型号以及转速有关。根据实验室现有条件，本书对水泥浆体的表观黏度进行了测量，由于试验所用水泥浆体黏度较大，经过数次试验，本试验采用 3 号转子，可测量黏度范围为 10～10000MPa·s，见图 3.9。

图 3.9 数字黏度计

图 3.9 中左侧图片为数字黏度计，右侧为测量黏度后连接电脑后的数据处理，利用数字黏度计进行水泥净浆黏度测量的试验过程如下：

（1）称取水泥净浆各配合比。

（2）搅拌水泥净浆。将水泥净浆搅拌机的搅拌锅和搅拌叶用湿布擦过，将搅拌锅放在锅座上，升至搅拌位置，然后将各组分倒入搅拌锅中，低速搅拌 120s，停 15s，再高速搅拌 120s。

（3）将水泥净浆倒入玻璃杯 2/3 处，放到数字黏度计转子位置的正下方，然后安装转子，使转子凹陷位置没入水泥净浆中，待浆液稳定后，启动数字黏度计，开始对黏度进行测量。

适当地加入减水剂可以明显地改善水泥浆体流动性，但过多加入后会大大降低水泥浆体的表观黏度，水泥浆体易出现离析现象，成型后封堵底部空隙，骨料间胶凝材料分布不均匀。对于纳米材料，由于纳米颗粒较小的粒径，会填充到水泥颗粒间隙，网状空间结构接触点增多，颗粒间粘结力增强。硅灰和纳米材料一样由于较小的粒径会填充水泥浆体中的絮状结构，同时会吸附分散剂分子在其表面，导致水泥浆料黏度增加。为了确定不同减水剂、硅灰和纳米硅的掺加量对水泥浆体黏度的影响，本试验通过掺加不同剂量的减水剂、硅灰和纳米硅所形成的 24 种水泥浆体的表观黏度进行了测量，试验流程如图 3.10 所示。

图 3.10　水泥净浆黏度测量试验程序

根据试验结果可知，掺入减水剂会导致水泥浆体表观黏度降低，而掺入硅灰和纳米硅两种掺合料均会导致水泥浆体表观黏度增加，试验结果表明 10% 的硅灰掺入与 1% 的纳米硅掺入初始黏度相近。黏度测量流程的实际操作见图 3.10，4 个系列的水泥净浆的表观黏度测量都依次进行，具体结果见表 3.2。

水泥浆体黏度 表 3.2

系列	样品	水灰比	减水剂(%)	硅灰(%)	纳米硅(%)	黏度(MPa·s)
W	W-0.25	0.25	0	0	0	8905
	W-0.3	0.3	0	0	0	5861.9
	W-0.35	0.35	0	0	0	4772.6
	W-0.4	0.4	0	0	0	2004.7
	W-0.45	0.45	0	0	0	1451.5
	W-0.50	0.5	0	0	0	441
WR	WR-0.25-0.2	0.25	0.2	0	0	8560.2
	WR-0.25-0.23	0.25	0.23	0	0	4692.4
	WR-0.25-0.27	0.25	0.27	0	0	4003
	WR-0.25-0.3	0.25	0.3	0	0	2986.2
	WR-0.25-0.33	0.25	0.33	0	0	2010.4
	WR-0.25-0.37	0.25	0.37	0	0	1552.1
	WR-0.25-0.4	0.25	0.4	0	0	634.2
Si	Si-0.25-0.4-2	0.25	0.4	2	0	3506
	Si-0.25-0.4-4	0.25	0.4	4	0	3913
	Si-0.25-0.4-5	0.25	0.4	5	0	4612.2
	Si-0.25-0.4-6	0.25	0.4	6	0	5751.7
	Si-0.25-0.4-8	0.25	0.4	8	0	7003.7
	Si-0.25-0.4-10	0.25	0.4	10	0	8998.7
NS	NS-0.25-0.4-0.2	0.25	0.4	0	0.2	3303.8
	NS-0.25-0.4-0.4	0.25	0.4	0	0.4	4340.6
	NS-0.25-0.4-0.6	0.25	0.4	0	0.6	6155
	NS-0.25-0.4-0.8	0.25	0.4	0	0.8	8606.5
	NS-0.25-0.4-1.0	0.25	0.4	0	1.0	9615.3

对以上 4 个系列的流动度进行曲线拟合，拟合结果见图 3.11～图 3.14。

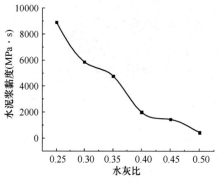

图 3.11 水泥净浆黏度随水灰比变化曲线

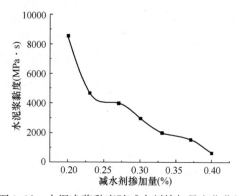

图 3.12 水泥净浆黏度随减水剂掺加量变化曲线

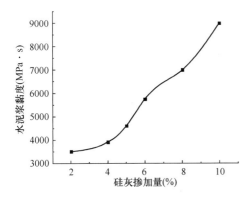
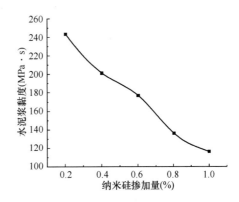

图 3.13　水泥净浆黏度随硅灰掺加量变化曲线　　图 3.14　水泥净浆黏度随纳米硅掺加量变化曲线

水灰比和水泥浆黏度之间的拟合方程为：

$$y = Intercept + B_1 x + B_2 x^2 + B_3 x^3 \tag{3.5}$$

式中，$Intercept = 5922.51 \pm 23612.4456$；

$B_1 = 92316.576 \pm 199340.849$；

$B_2 = -436014.76 \pm 544919.116$；

$B_3 = 459740.74 \pm 483544.3244$。

相关系数 $R^2 = 0.99$。

水灰比小于 0.4 时，水泥浆体黏度随着水灰比的增大显著降低，当水灰比达到 0.4 时，水泥浆体的黏度已经相对较小，水泥浆体黏度的减小幅度放缓，即水灰比大于等于 0.4 时，水灰比对水泥浆体黏度的影响逐渐减弱，这与水灰比对水泥浆体流动度的影响结论是一致的。

减水剂掺加量和水泥浆黏度之间的拟合方程为：

$$y = Intercept + B_1 x + B_2 x^2 + B_3 x^3 \tag{3.6}$$

式中，$Intercept = 47933.21 \pm 11333.29$；

$B_1 = -333506.083 \pm 119544.94$；

$B_2 = 832604.689 \pm 408457.0036$；

$B_3 = -734523.81 \pm 453149.84$。

相关系数 $R^2 = 0.993$。

水泥浆体黏度随着减水剂掺量的增加，先是快速降低，当减水剂掺量达到 0.27% 以后，水泥浆体黏度降低速度变得缓慢。分析结果表明，减水剂的掺入可以明显减少新拌水泥浆中的絮凝结构，极大地降低屈服应力和黏度。水灰比为 0.25 的水泥浆体，掺加 0.23% 减水剂即下降到 0.35 水灰比的水泥浆黏度水平，掺加 0.37% 减水剂的水泥浆体黏度与 0.45 水灰比的水泥浆黏度水平相当，可见，减水剂的效果是高效的。

硅灰掺加量和水泥浆黏度之间的拟合方程为：

$$y = Intercept + B_1 x + B_2 x^2 + B_3 x^3 \tag{3.7}$$

式中，$Intercept = 4023.48 \pm 1315.796$；

$B_1 = -634.419 \pm 850.69$；

$B_2 = -193.31 \pm 160.43$；

$B_3 = -8.0585 \pm 8.994$。

相关系数 $R^2 = 0.992$。

随着硅灰的增加，水泥浆体黏度先是逐渐升高，当硅灰掺加量达到 6% 以后，水泥浆黏度显著增大。分析认为，硅灰密度为 2.1～2.3g/cm³，颗粒非常小，平均粒径仅为水泥平均粒径的百分之一，比表面积达 1800m²/kg，由于同质量的硅灰比表面积比水泥大很多，硅灰接触拌合水后首先形成富硅的凝胶，并吸收水分，因此浆体的黏度增加、流动性下降。

纳米硅掺加量和水泥浆黏度之间的拟合方程为：

$$y = Intercept + B_1 x + B_2 x^2 + B_3 x^3 \tag{3.8}$$

其中，$Intercept = 4129.58 \pm 1536.31$；

$B_1 = -11382.14 \pm 10041.01$；

$B_2 = 39958.66 \pm 18634.38$；

$B_3 = -23128.125 \pm 10287.326$。

相关系数 $R^2 = 0.996$。

由图 3.14 可知，内掺纳米硅后，水泥净浆的黏度随纳米硅掺量的增加持续急剧上升。掺加 0.2% 时，水泥净浆的黏度增加高达 80.08%，掺加 1% 时，水泥净浆的黏度增加 191%，是掺加 0.2% 时黏度的 1.91 倍。随着纳米颗粒掺量的增加，一方面，纳米颗粒填充了体系中空隙，提高了体系密实度，另一方面，纳米颗粒利用其自身的火山灰活性，提升了其与胶凝材料和砂子之间的胶结强度，增大了体系网络结构粘结力[23]。与内掺硅灰相比，掺加纳米硅黏度增加的速度为硅灰的 10 倍左右。

3.3 最大包裹厚度的测定

水泥浆包裹厚度测量的是水泥膏体在骨料表面形成稳定膜的能力。其取决于水泥浆体的包裹能力和骨料的表面及水分状况。最大包裹厚度试验条件包括首先将骨料浸泡在水中 24h，然后将骨料干燥至饱和表面干燥条件，采用粒径为 4.75～9.5mm 的骨料，在 2.36mm 筛上静置时间为 2min。（1）称量 30g 骨料，用过量水泥浆浸没骨料，在容器内用铲刀手动搅拌 1min；（2）将包覆水泥浆体的集料在 2.36mm 筛上轻轻铺开，等待 2min，直到水泥浆体稳定包裹在骨料表面；（3）将包覆水泥浆体的拌合料转移到空盘中，测定骨料的增重，减去骨料的质量，即为附着水泥浆的质量。确定最大包裹厚度的过程如图 3.15 所示。

3.3.1 水泥浆最大包裹厚度的计算方法

由于骨料的不规则性，无法精确地计算出其比表面积。借鉴国内外研究学者的研究成果，得出本书的水泥浆包裹厚度计算方法为先计算骨料比表面积，然后计算出水泥浆包裹厚度，具体的计算方法如下：

图 3.15　测量水泥浆最大包裹厚度试验程序

（1）骨料比表面积

为了较为准确地计算出骨料的比表面积，将骨料分成若干部分，确定每一个部分的体积比例，假设每个部分都是体积大小相等的球体，我们从其中一个球体中任意取 100 个骨料颗粒，那么第 i 个骨料颗粒的平均直径 D_i 为：

$$D_i = \sqrt[3]{\frac{6V_i}{100\pi}} \tag{3.9}$$

式中：V_i——100 个骨料颗粒的体积。

相应的比表面积为：

$$S_i = \frac{6}{\rho_s D_i} \tag{3.10}$$

式中：ρ_s——骨料表观密度。

整个骨料的比表面积为：

$$S(d) = \sum_{i=1}^{n} S_i \tag{3.11}$$

通过一定量的计算得知，上述方法计算出的骨料比表面积与式（3.13）计算的比表面积结果相近，以 4.75～9.5mm 单粒径骨料颗粒为例，对式（3.11）的比表面积做简化。

$$S(d) = \frac{1}{2}\left(\frac{6}{\rho_s \times 4.75} + \frac{6}{\rho_s \times 9.5}\right) \tag{3.12}$$

（2）水泥浆最大包裹厚度

采用 24 种 4 个系列的水泥净浆，与 30g 骨料进行搅拌混合，将透水混凝土拌合物用镊子放在 2.36mm 的方孔网筛上静置 2min，再用镊子将包裹水泥净浆的骨料转移到托盘中称量包裹在骨料表面的水泥浆的质量。水泥浆最大包裹厚度（MPT）计算公式为：

$$MPT = \frac{m}{\rho_s \times S(d) \times m_s} \qquad (3.13)$$

式中，m 为包裹在骨料表面的水泥浆质量；ρ_s 为水泥浆密度；$S(d)$ 为骨料比表面积；m_s 为骨料质量。

在式（3.10）中，水泥浆密度 ρ_s 是需要手动计算的一个参数，具体计算步骤如下：

① 已知水的密度 $\rho_w = 1000 \mathrm{kg/m^3}$，水泥的密度 $\rho_c = 3100 \mathrm{kg/m^3}$，以水灰比 $\dfrac{W}{C} = 0.25$ 且不添加外加剂的情况为例计算其水泥浆密度；

② $1 \mathrm{m^3} = 1000 \mathrm{kg}$ 水所需要的水泥质量 $1000/0.25 = 4000 \mathrm{kg}$；

③ $4000 \mathrm{kg}$ 水泥所占体积 $4000/3100 = 1.29 \mathrm{m^3}$；

④ 0.25 水灰比所用 $1000 \mathrm{kg}$ 水和 $4000 \mathrm{kg}$ 水泥所占总体积为 $1 + 1.29 = 2.29 \mathrm{m^3}$；

⑤ 水泥浆密度 $\rho = (1000 + 4000)/2.29 = 2183 \mathrm{kg/m^3}$。

本书中试验所用的 W、WR、Si 和 NS 四个系列的水泥浆体的密度如表 3.3 所示。

水泥浆体的密度 表 3.3

系列	样品	水灰比	所需要水泥质量(kg)	水泥浆总体积(m³)	水泥浆密度(kg/m³)
W	W-0.25	0.25	4000	2.29	2183.4
	W-0.3	0.3	3333	2.075	2083
	W-0.35	0.35	2857	1.921	2008.8
	W-0.4	0.4	2500	1.806	1933.7
	W-0.45	0.45	2222	1.72	1884.34
	W-0.50	0.5	2000	1.65	1829.27
WR	WR-0.25-0.2	0.25	3992	2.29	2180.39
	WR-0.25-0.23	0.25	3990.8	2.29	2180
	WR-0.25-0.27	0.25	3989.2	2.29	2179.4
	WR-0.25-0.3	0.25	3988	2.29	2178.9
	WR-0.25-0.33	0.25	3986.8	2.29	2178.5
	WR-0.25-0.37	0.25	3985.2	2.29	2177.9
	WR-0.25-0.4	0.25	3986	2.29	2177.46
Si	Si-0.25-0.4-2	0.25	3920	2.296	2175.22
	Si-0.25-0.4-4	0.25	3840	2.31	2167.03
	Si-0.25-0.4-5	0.25	3800	2.315	2162.94
	Si-0.25-0.4-6	0.25	3760	2.319	2158.86
	Si-0.25-0.4-8	0.25	3680	2.33	2150.67
	Si-0.25-0.4-10	0.25	3600	2.34	2142.49
NS	NS-0.25-0.4-0.2	0.25	4000	2.29	2183.4
	NS-0.25-0.4-0.4	0.25	4000	2.29	2183.4
	NS-0.25-0.4-0.6	0.25	4000	2.29	2183.4
	NS-0.25-0.4-0.8	0.25	4000	2.29	2183.4
	NS-0.25-0.4-1.0	0.25	4000	2.29	2183.4

3.3.2 不同骨料粒径的水泥浆最大包裹厚度

水泥浆体包裹层厚度主要取决于水泥浆体的流变特性和骨料的特性，前文对水泥浆体的流变特性进行了分析，下面对不同骨料粒径下的最大包裹层厚度进行试验和分析。

本书测定了 24 种水泥浆体的最大包裹厚度，见表 3.4 和表 3.5，分别为中骨料和粗骨料水泥浆包裹厚度，图 3.2 为粗骨料和中骨料粒径对包裹厚度影响的比较。

中粒径水泥浆最大包裹厚度   表 3.4

系列	样品	水泥浆质量 （g）	骨料质量 （g）	水泥浆密度 （kg/m³）	水泥浆包裹厚度 （mm）
W	W-0.25	32.3	30	2183.4	0.70
	W-0.3	24.1	30	2083	0.55
	W-0.35	22.8	30	2008.8	0.54
	W-0.4	10.5	30	1933.7	0.26
	W-0.45	7.5	30	1884.34	0.19
	W-0.50	4.8	30	1829.27	0.12
WR	WR-0.25-0.2	31.2	30	2180.39	0.68
	WR-0.25-0.23	24.1	30	2180	0.53
	WR-0.25-0.27	19.9	30	2179.4	0.43
	WR-0.25-0.3	14.5	30	2178.9	0.32
	WR-0.25-0.33	10.6	30	2178.5	0.23
	WR-0.25-0.37	8.4	30	2177.9	0.18
	WR-0.25-0.4	6.0	30	2177.46	0.13
Si	Si-0.25-0.4-2	16.9	30	2175.22	0.37
	Si-0.25-0.4-4	18.7	30	2167.03	0.41
	Si-0.25-0.4-5	21.5	30	2162.94	0.47
	Si-0.25-0.4-6	25.0	30	2158.86	0.55
	Si-0.25-0.4-8	30.4	30	2150.67	0.67
	Si-0.25-0.4-10	32.7	30	2142.49	0.73
NS	NS-0.25-0.4-0.2	16.2	30	2183.4	0.35
	NS-0.25-0.4-0.4	20.8	30	2183.4	0.45
	NS-0.25-0.4-0.6	26.2	30	2183.4	0.57
	NS-0.25-0.4-0.8	31.7	30	2183.4	0.69
	NS-0.25-0.4-1.0	33.0	30	2183.4	0.72

粗骨料水泥浆最大包裹厚度 表 3.5

系列	样品	水泥浆质量 (g)	骨料质量 (g)	骨料堆积密度 (kg/m³)	水泥浆密度 (kg/m³)	水泥浆包裹厚度 (mm)
W	W-0.25	38.0	30	1696.5	2183.4	1.66
	W-0.3	33.6	30	1696.5	2083	1.54
	W-0.35	28.5	30	1696.5	2008.8	1.35
	W-0.4	12.7	30	1696.5	1933.7	0.63
	W-0.45	9.5	30	1696.5	1884.34	0.48
	W-0.50	8.3	30	1696.5	1829.27	0.43
WR	WR-0.25-0.2	35.8	30	1696.5	2180.39	1.56
	WR-0.25-0.23	32.9	30	1696.5	2180	1.44
	WR-0.25-0.27	23.7	30	1696.5	2179.4	1.04
	WR-0.25-0.3	18.2	30	1696.5	2178.9	0.80
	WR-0.25-0.33	12.9	30	1696.5	2178.5	0.56
	WR-0.25-0.37	11.1	30	1696.5	2177.9	0.51
	WR-0.25-0.4	8.7	30	1696.5	2177.46	0.38
Si	Si-0.25-0.4-2	21.9	30	1696.5	2175.22	0.96
	Si-0.25-0.4-4	23.3	30	1696.5	2167.03	1.02
	Si-0.25-0.4-5	27.0	30	1696.5	2162.94	1.19
	Si-0.25-0.4-6	30.0	30	1696.5	2158.86	1.32
	Si-0.25-0.4-8	35.4	30	1696.5	2150.67	1.57
	Si-0.25-0.4-10	38.2	30	1696.5	2142.49	1.70
NS	NS-0.25-0.4-0.2	20.8	30	1696.5	2183.4	0.91
	NS-0.25-0.4-0.4	25.4	30	1696.5	2183.4	1.11
	NS-0.25-0.4-0.6	30.6	30	1696.5	2183.4	1.33
	NS-0.25-0.4-0.8	37.0	30	1696.5	2183.4	1.61
	NS-0.25-0.4-1.0	38.5	30	1696.5	2183.4	1.68

由表 3.4 和表 3.5 可知，水泥浆最大包裹厚度随水灰比的增大而减小，随减水剂掺加量的增加先显著减小后逐渐缓慢减小，随着硅灰掺量的增加，水泥浆最大包裹厚度先缓慢增加后快速增加，而纳米硅的掺加量对水泥浆包裹厚度的影响约为硅灰掺加量的 10 倍。

从表 3.4、表 3.5 和图 3.16 还可以得出，骨料粒径越大，包裹厚度越大，厚度的变化也非常明显，这是因为粗骨料粒径的比表面积相对较小一些，包裹在粗骨料表面的水泥浆体的平均厚度要大于中骨料和细骨料。但是骨料粒径并不是越大越好，辛扬帆[33]在单一粒径混凝土的透水性研究一文中认为骨料粒径的增大有利于提高透水性，但会削弱抗压强度。在透水混凝土底部空洞不堵塞的前提下，粗骨料虽然能形成比中骨料更厚的水泥浆包裹厚度，但是其大空隙率会造成集料与集料之间的接触面积减小，引起材料强度的降低，造成透水混凝土耐久性相对较低，寿命较短，而细粒径骨料由于粒径较小，不能形成足够的空隙，引起透水混凝凝土堵塞。而 4.75～9.5 mm 的中粒径骨料能够形成相对足够

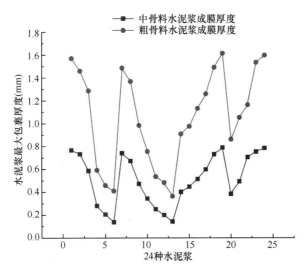

图 3.16　不同粒径骨料水泥浆包裹厚度的影响

的空隙，不会导致透水混凝土堵塞，且具有良好的力学性能和透水性能。

3.4　水泥浆流动特性与最大包裹厚度的关系

（1）水泥浆流动度与最大包裹厚度的关系

在测量水泥浆体的流动度以后，可以代入式（3.14）直接计算出水泥浆最大包裹厚度，而不用进行一系列的搅拌、拌和、称量和计算再得出水泥浆最大包裹厚度，式（3.14）计算出的水泥浆最大包裹厚度，为下一步基于最佳包裹厚度的配合比设计提供一个主要的设计参数。

水泥浆体流动度和水泥浆最大包裹厚度之间的拟合方程为：

$$y = Intercept + B_1x + B_2x^2 + B_3x^3 \tag{3.14}$$

式中，$Intercept = 0.5168 \pm 0.1891$；

$B_1 = 0.00693 \pm 0.0028$；

$B_2 = -4.7564E{-}5 \pm 1.31025E{-}5$；

$B_3 = 7.03414E{-}8 \pm 1.94644E{-}8$。

相关系数 $R^2 = 0.992$。

从图 3.17 可知，随着水泥浆流动度的增加，MPT 先逐渐降低后迅速降低。主要原因是：当水泥浆体流动度较小时，大部分浆体直接均匀包裹在骨料表面，不会堵塞空隙；当浆体流动度逐渐增大至 300mm 以上时，水泥浆体在试件下部堆积，透水混凝土基本失去透水性，导致包裹层厚度难以测量，水泥浆体的包裹厚度也迅速降低至趋近于 0，可见 MPT 与水泥浆体流动度之间存在很高的相关性（R^2

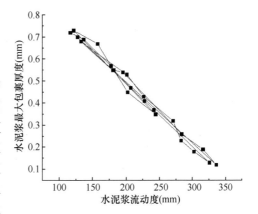

图 3.17　水泥浆体流动度和水泥浆最大
包裹厚度之间的关系

＝0.992）。采用多项式函数将水泥浆流动度与水泥颗粒上的包裹厚度进行关联，该函数也用于描述水泥包裹厚度与水泥浆流动度的关系。本书制备的水泥浆体流动度分布在116.5～335.5mm 之间，由水泥浆体流动度可以计算出水泥浆体的最大体积，以此为依据，预测透水混凝土堵塞情况。

（2）水泥浆黏度与最大包裹厚度的关系

在用旋转黏度计测量水泥浆体的黏度以后，可以直接将黏度代入式（3.15）计算出不堵塞前提下水泥浆最大包裹厚度，而不再进行一系列的搅拌、拌和、称量和计算再得出水泥浆包裹厚度，为下一步基于最佳包裹厚度的配合比设计提供一个主要的参数，同时由水泥浆体最大包裹厚度可以推算出水泥浆体的最大体积，以此为依据，可以预测和评价透水混凝土堵塞情况。

水泥浆体黏度和水泥浆最大包裹厚度之间的拟合方程为：

$$y = \frac{\alpha}{1 + \exp[-k(x - xc)]} \tag{3.15}$$

式中，$\alpha = 0.81053 \pm 0.01266$；

$xc = 3454.10617 \pm 87.86468$；

$k = 5.45476\mathrm{E}{-4} \pm 2.43648\mathrm{E}{-5}$。

相关系数 $R^2 = 0.994$。

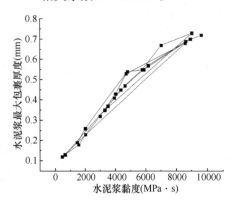

图 3.18　水泥浆体黏度和水泥浆最大包裹厚度之间的关系

从图 3.18 不难发现，水泥浆体黏度分布在441～9615.3MPa•s 之间，水泥浆最大包裹厚度随着水泥浆黏度的增加，MPT 先快速增加后缓慢增加至平稳状态。这是由于当水泥浆体黏度较小时，水泥浆会从骨料表面流失，堆积在透水混凝土底部，水泥浆包裹厚度很小；随着水泥浆体黏度的增加，水泥浆体在骨料上的附着能力增加，水泥浆的包裹厚度快速增加；随着黏度的继续增加，这时水泥浆体的粘结层慢慢变得比较厚，此时水泥浆体呈现出过于干涩、松散的状态，且骨料颗粒空隙也逐渐降低，水泥浆包裹厚度不会再急剧增加而是慢慢趋于稳定，可见

MPT 与水泥浆体黏度之间存在极高的相关性（$R^2 = 0.994$）。本书采用 Slogistic 函数将水泥浆黏度与水泥颗粒上的包裹厚度进行关联，该函数也用于描述水泥包裹厚度与水泥浆黏度的关系。

（3）不同配合比之间水泥浆黏度、流动度和最大包裹厚度的关系

不同配合比之间水泥浆流动度、黏度和最大包裹厚度的关系　　　　　　　　　　表 3.6

样品	水泥浆流动度 （mm）	水泥浆黏度 （MPa•s）	水泥浆最大包裹厚度 （mm）
0.35	194.6	4772	0.58
WR-0.25-0.23%	200.3	4692	0.57
0.45	315.5	1451	0.21
WR-0.25-0.37%	302	1552	0.2

由表 3.6 可知，水灰比为 0.35 的水泥浆体和水灰比为 0.25 掺加 0.23%减水剂的水泥浆黏度、流动度和最大包裹厚度之间的差值≤2%。水灰比 0.45 的水泥浆体和水灰比为 0.25 掺加 0.37%减水剂的水泥浆黏度、流动度和最大包裹厚度之间的差值≤6%。不同配合比的水泥浆体，其流变特性和最大包裹厚度值都相近，说明两种配合比的各项性能指标基本保持一致，这一结论可以作为在透水混凝土配合比设计过程中掺加减水剂的参考值。

3.5　本章小结

本章节探究了水泥浆流动特性，同时计算出了水泥浆包裹厚度，并进一步拟合了水泥浆特性与水泥浆包裹厚度之间的拟合公式，基于以上研究结果，得到试验结论如下：

（1）水泥浆的流动度测定。设置了 W、WR、Si 和 NS 四个系列 24 种不同配合比的水泥浆体，给出了用标准截模在跳桌上测定水泥浆流动度的方法，得出了掺加不同量的减水剂、硅灰和纳米硅水泥流动度的变化规律。W 系列，水泥净浆流动度随水灰比的增加先急剧增加，后缓慢增加；WR 系列，随着减水剂的掺加量的增加水泥浆流动度先快速增加后趋于平缓，当减水剂掺加量达到 0.27%时，水泥浆的流动度增加幅度趋于平缓；Si 系列，水泥净浆流动度随硅灰掺加量的增加而降低，硅灰掺加量在 6%以下时，水泥浆流动度随硅灰的增加逐渐降低，但硅灰掺加量大于等于 8%后，随着硅灰的增加，水泥浆流动度大幅度降低；NS 系列，内掺纳米硅以后，水泥净浆流动度急剧降低，与掺加硅灰相比，掺加纳米硅的流动度是掺加硅灰流动度的约 10 倍，对水泥净浆的流动度作用非常明显。

（2）水泥浆的黏度测定。设置了 W、WR、Si 和 NS 四个系列 24 种不同配合比的水泥浆体，给出了用旋转黏度计测定水泥浆黏度的步骤，得出了掺加不同量的减水剂、硅灰和纳米硅水泥黏度的变化规律。W 系列，水灰比小于 0.4 时，水泥浆体黏度随着水灰比的增大显著降低，当水灰比达到 0.4 时，水泥浆体黏度的减小幅度放缓；WR 系列，水泥浆体黏度随着减水剂掺量的增加，先是快速降低，当减水剂掺量达到 0.27%以后，水泥浆体黏度降低速度变得缓慢；Si 系列，随着硅灰的增加，水泥浆体黏度先是逐渐升高，当硅灰掺加量达到 8%以后，水泥浆黏度显著增大；NS 系列，内掺纳米硅后，水泥净浆的黏度随纳米硅掺量的增加持续急剧上升，与内掺硅灰相比，掺加纳米硅黏度增加的速度为硅灰的 10 倍左右。

（3）计算出了最大包裹厚度（*MPT*）。将 W、WR、Si 和 NS 四个系列 24 种不同配合比的水泥浆体，分别与中、粗粒径进行混合，得到了中、粗粒径的最大包裹厚度，并分析了骨料粒径对水泥浆包裹厚度的影响，结论如下：

① 水泥浆最大包裹厚度随水灰比的增大而减小；随减水剂掺加量的增加先显著减小后逐渐缓慢减小；随着硅灰掺量的增加，水泥浆最大包裹厚度先缓慢增加后快速增加，而纳米硅的掺加量对水泥浆包裹厚度的影响约为硅灰掺加量的 10 倍。

② 骨料粒径越大，包裹厚度越大，厚度的变化非常明显。

（4）水泥浆最大包裹厚度与水泥浆体流动特性的关系

1）水泥浆最大包裹厚度随着水泥浆流动度增加先逐渐降低后迅速降低，水泥浆最大包裹厚度与水泥浆体流动度之间存在一定的相关性，其拟合方程见式（3.14）。

2）随着水泥浆黏度的增加，*MPT* 先快速增加后缓慢增加至平稳状态，*MPT* 与水泥浆体黏度之间存在一定的相关性，其拟合方程见式（3.15）。

将最大包裹厚度与流变特性的关系用 Origin 软件进行拟合，根据拟合曲线得到以下结论：

① 随着水泥浆流动度的增加，*MPT* 先逐渐降低后迅速降低；

② 水泥浆黏度随着水泥浆黏度的增加，*MPT* 先快速增加后缓慢增加至平稳状态；

③ 根据拟合公式，在测量水泥浆体的流动特性以后，可以直接将水泥浆流动度或者黏度代入相应的拟合公式计算水泥浆最大包裹厚度，而不用进行一系列的搅拌、拌和、称量和计算再得出水泥浆最大包裹厚度。

第4章 透水混凝土颗粒间粘结性能

4.1 概述

本质是事物的内部联系，是决定事物性质和发展趋势的东西；现象是事物的外部联系，是本质从不同角度外化的表现；将两者关系具体到透水混凝土结构之中可以发现：骨料颗粒间的相互作用便是决定透水混凝土特性的本质，宏观性能的变化如抗压强度、透水系数便是骨料颗粒间相互作用的外化表现，即现象。本章的主要任务是研究透水混凝土骨料颗粒间的微观作用机理，具体内容是通过岩石拉伸试样来反应透水混凝土颗粒间的拉伸特性，为下一步解释透水混凝土宏观性能提供支持。

4.1.1 骨料颗粒空间分布

透水混凝土的骨架结构是依靠包裹在骨料颗粒表面的水泥浆体硬化后将其胶结形成的整体，因而透水混凝土的骨架结构便直接体现了骨料颗粒间的空间分布状态。从水泥浆体对骨料颗粒的填充程度角度来讲，可以把凝结固化后的混凝土骨料颗粒聚集形态分为以下五种：悬摆状态、连锁状态（第一区）、连锁状态（第二区）、毛细状态及悬浮状态，如图4.1所示。

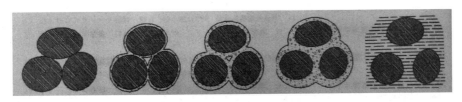

图4.1 混凝土混合料聚集形态

从第一种状态到第五种状态的转化便是骨料颗粒从堆积状态到普通混凝土的过渡过程。就透水混凝土而言，骨料颗粒的凝聚状态主要处于连锁状态的第一区和第二区，即胶结材料水泥浆总体积要小于骨料的堆积空隙率，留下的一部分空隙作为透水透气的通道。若胶结浆体材料过少，透水混凝土凝聚状态会进入悬摆状态，虽然空隙率较大，但强度较低，达不到使用要求；若胶结浆体材料过多则会使透水混凝土的凝聚状态处于毛细状态或悬浮状态，内部贯通空隙被封堵，失去了透水透气的性能。影响骨料颗粒空间分布的因素可基本归纳为以下4种。

（1）粒径大小

一般情况下，骨料粒径越大，骨料间的粘结点数就越少，不同粒径大小下骨料颗粒的堆积状态如图4.2所示。在透水混凝土受到不大外力作用后，若骨料颗粒间的粘结点数过

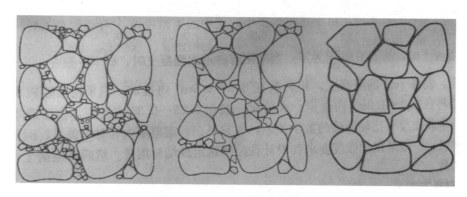

图 4.2 不同粒径骨料堆积

少，就会使其之间的接触位置很容易出现应力集中现象，从而削弱粗骨料骨架的稳定性，最终使透水混凝土的强度降低。骨料粒径也不宜过小，过小的骨料粒径虽然增大了骨料粘结点数，透水混凝土骨架结构的稳定性得到提升，但骨料颗粒间的密实程度增大，其间的空隙大幅度降低，最终导致透水混凝土的透水性能下降。

（2）裹浆厚度

水泥浆体是使骨料颗粒间凝聚形成一定形态的胶凝材料，适当提高骨料颗粒间水泥浆体的厚度可以有效提高骨架结构的稳定性。一般情况下，随着水泥浆体厚度的增加，骨料颗粒之间的粘结面积会大幅度增加；粘结面积的增大将有效缓解骨料颗粒间的应力集中，使透水混凝土骨架的强度得到较高提升。与骨料粒径大小对骨料颗粒空间分布状态影响类似，裹浆厚度也不宜过大，即裹浆厚度虽然能够增大骨料颗粒间的粘结面积，但过多的浆体则会堵塞骨架结构间的空隙，进而降低透水混凝土的透水性。因此在透水混凝土设计中，骨料的粒径以及裹浆厚度都需兼顾透水混凝土的综合性能确定一个合理的数值。

（3）接触状态

骨料颗粒间的主要作用力有化学作用力、范德华力以及物理作用力，其中，物理作用力指的是骨料颗粒间的机械嵌合作用，王科[53]根据骨料颗粒间锁结作用强弱，将其之间的接触状态分为两种：弱锁式接触与强锁式接触，如图 4.3 与图 4.4 所示。骨料颗粒间嵌合作用主要与骨料颗粒表面的纹理构造有关，对于表面较为光滑的骨料颗粒，由于表面凹凸起伏程度相对较低，其与水泥浆体间接触的比表面积就会越小，从而导致骨料颗粒之间的搭接、咬合相对减弱，使骨料颗粒间的嵌合作用受到较大削减；而对于表面粗糙度较高

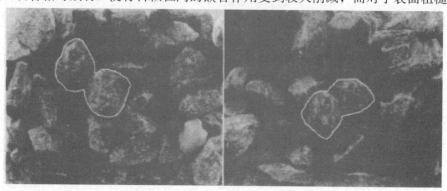

图 4.3 骨料颗粒弱锁式接触

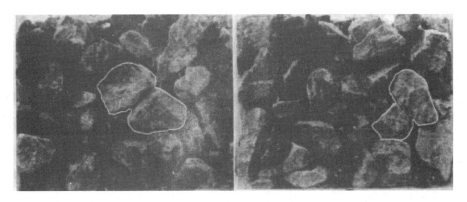

图 4.4　骨料颗粒强锁式接触

的骨料颗粒则恰恰相反，由于表面具有复杂的物理构造，骨料与水泥浆体间的比表面积将大幅度增加，骨料颗粒之间彼此搭接、咬合的程度提升，骨料颗粒间的嵌合作用得到有效增强。

（4）成型方式

透水混凝土的成型方式影响着骨料颗粒间的配列形式，配列形式的不同则会导致骨架结构稳定性有所差异。透水混凝土与普通混凝土成型工艺有较大的区别，普通混凝土的目的要保证在成型过程中减少内部空隙，提高试件的强度；而透水混凝土的目的是既要保证内部空隙也要有足够的强度。目前，透水混凝土试件的室内成型方法主要分为振动法、插捣法和压实法。

1）振动成型法

振动成型法多用于普通混凝土，其作用原理是在振动荷载下，骨料颗粒会不断运动形成稳定的骨架结构。研究表明透水混凝土采用振动成型法过程中，容易导致具有流动性的水泥浆体在重力作用下因过分振动产生"水泥浆体下沉，上部骨料颗粒松散"的现象，以至于骨架结构上部颗粒间因缺少具有粘结作用的水泥浆体，造成其粘结强度低于下部粘结强度，进而削弱透水混凝土的性能。

2）插捣成型法

插捣成型法作用原理是将拌合料分三层倒入试模中，每倒入一次拌合料，使用插捣棒由试模边角向中心进行插捣作业。此方法不能像振动成型时，保证所有集料颗粒同时振动相互嵌挤，并且每个试件插捣的位置和深度以及力度都不一样，因此骨料颗粒间的粘结点的数量和面积受人工因素影响大；插捣充分的位置空隙率小，而在边角位置由于插捣不到位空隙率较大。因而会导致透水混凝土骨架不同部位骨料颗粒间的连接状态差异较大，进而削弱透水混凝土骨架作用。

3）静压成型法

静压成型法是依靠成型压力、加压速度、加压时间、保压时间等方面控制成型效果，需要多次试拌试验探究各个因素的合理范围。由于透水混凝土对水灰比的要求较为苛刻，相比普通透水混凝土，透水混凝土的骨料颗粒较为松散，采用静压法成型时，由于骨料颗粒之间的摩擦力，试件的内部很难形成稳固的嵌挤结构，从而使骨料颗粒之间的粘结力受到影响，不能够保证透水混凝土试件粗骨架的强度和其间的空隙率的要求，且成型试件较慢，工序较为繁琐。

综上所述，透水混凝土的成型方式仍有待完善。

4.1.2 骨料浆体界面过渡区

由上节总结发现，无论何种影响骨料颗粒空间分布的因素，最终都可归结于骨料颗粒间的粘结力，而这种粘结力和骨料与水泥浆体的粘结区域密不可分，学者称其为骨料-水泥浆体界面过渡区，厚度一般距骨料表面 $20\sim100\mu m$。该区域相较于水泥基体中部区域空隙较高，结构密度低，从而使混凝土受到外部作用力时，该界面裂缝部位最容易出现应力集中，随着外力进一步增大，裂缝会加速扩展与透水混凝土空隙连通，最终导致透水混凝土发生破化。

关于骨料-水泥浆体界面过渡区的形成机制，据广大学者有关研究，大体分为 6 种：边壁效应、单边增长效应、微区泌水效应、絮凝成团作用、离子迁移与沉积及成核作用和浆体收缩作用。

（1）边壁效应：指胶凝材料粒子在邻近骨料颗粒表面区域堆积密度降低，还表现为在骨料颗粒表面附近区域小尺度胶凝材料粒子的浓度比在基体部分的要高，大尺度粒子的浓度比在基体部分的要低的现象；该效应的存在直接为水分的迁移以及水泥水化过程中 Ca^{2+}、Al^{+3} 和 SO_4^{2-} 等离子的迁移提供了条件，进而导致了骨料颗粒表面附近区域浆体的空隙率高于基体部分空隙率；此外，若骨料颗粒间浆体厚度过薄，则会产生双边壁效应，使颗粒间的水泥浆体形成薄弱区域[54]。

（2）单边增长效应：指当骨料颗粒为活性骨料时，骨料颗粒与水泥浆体进行化学反应所生成的化学物质以及水泥浆体自身水化反应所产生的化学物质共同起到对骨料颗粒表面过渡区空隙的填充作用；而当骨料颗粒为非活性骨料时，骨料颗粒表面过渡区空隙只有水泥浆体自身水化反应所产生的化学物质进行填充的现象[55]。

（3）微区泌水效应：指在骨料颗粒表面富集大量水分的一种现象；在重力的作用下，由于水、胶凝材料以及骨料颗粒之间的密度有所差别，密度较小的水分会向上迁移，而密度较大的胶凝材料则会向下迁移，在沉降过程中，大粒径骨料颗粒下方区域更易形成水囊，使得其区域水灰比变大，进而导致骨料颗粒下方的骨料界面过渡区更加薄弱[56]。

（4）絮凝成团作用：指当粒子的尺寸以及体积小到一定程度时，在混凝土拌和下，由于表面能量的相互作用，降低了粒子的电位及其双电层的厚度，从而直接使水泥微粒的化学及物理稳定性有所下降而凝聚成团的现象；该团体的结构尺寸可达到数百微米，能够使水泥浆体在骨料颗粒表面堆积密度降低，进而影响界面过渡区的强度特性[55,57]。

（5）离子迁移与沉积及成核作用：指水泥浆体水化过程中，将会产生 Ca^{2+}、OH^-、SO_4^{2-} 与 Al^{3+}，各离子会随着水化反应的进行，溶解度与迁移速度不断更新变化，一般含有二氧化硅的化合物会附着在骨料颗粒表面，形成水化产物，Ca^{2+}、SO_4^{2-} 以及部分 Al^{3+} 则将在骨料颗粒表面附近区域相互结合，形成 AFt 晶体和 C-H 晶体；加上水分不断向骨料颗粒界面处迁移，该区域水灰比变高，进而使界面附近的结晶产物尺寸进一步增大，C-H 晶体呈现出定向排列，从而导致界面过渡区密实度降低的现象[55]。

（6）浆体收缩作用：指在水化过程中，水泥浆体中离子浓度达到一定程度时，在多种力共同作用下，粒子之间絮凝成团，随后絮凝团体发生收缩，导致其内部水分被排出，使骨料颗粒表面形成水膜，最终导致骨料颗粒表面过渡区结构发生变化的现象[57]。

以上所叙述的 6 种观点，从不同角度解释了骨料界面过渡区的形成机制，至于哪种占有主导地位，目前还没有定论。影响骨料界面过渡区特性的因素众多并且复杂，如骨料颗粒的化学成分、表面微细观构造以及水泥的化学成分、细度、粒度以及透水混凝土的配合比与成型工艺对骨料-浆体界面过渡区微观结构都会产生不同程度的影响，本节不再详细展开叙述。

4.1.3　室内试验研究现状

本节详细叙述不同学者对骨料表面水泥浆包裹厚度、骨料表面粗糙度以及骨料种类对混凝土骨料颗粒间粘结性能影响的相关试验研究，为试验设计提供理论基础。

赵洪[58]设计试验研究了骨料浆体表面包裹厚度的影响因素以及浆体厚度对透水混凝土性能的影响；其结果表明：骨料的粒径与浆体的黏度对浆体包裹厚度产生较大影响；骨料粒径越大、浆体黏度越高，骨料表面浆体包裹厚度就越厚；在采用同种骨料粒径以及相同成型工艺条件下，随着骨料表面浆体包裹层的厚度增大，透水混凝土的抗压强度与透水系数都会有所增大；值得注意的是透水混凝土的成型方式对透水混凝土的性能影响程度较高，击实成型下的透水混凝土的抗压强度要远高于插实成型下透水混凝土的抗压强度。

谢晓庚[59]对于透水混凝土骨架结构的 4 个相关参数，即基体强度、骨料接触点数目、接触区宽度、骨料间浆体厚度进行了量化表征，并基于以上 4 个参数提出新的透水混凝土配合比设计，来达到对透水混凝土力学及透水性能的可控目的；通过设计实例的试验结果表明，这种新的透水混凝土配合比设计方法是较为可靠的。

石妍[60]研究了不同骨料种类对透水混凝土孔结构以及微观界面的影响；试验首先运用 RapidAir 和 MAP-BEI 测试技术对比了 3 种骨料（玄武岩、砂岩和灰岩）混凝土的气泡参数、微观元素成分以及测定了自行设计的 3 种不同骨料种类混凝土的抗压强度；在测试结果基础上进行了详细分析并得出以下结论：混凝土的气泡数量越多、间距系数及平均孔径越小，越有利于混凝土结构的力学性能及抗冻性的提高；骨料-水泥浆体界面过渡区的强度与氢氧化钙晶体的富集程度有着密切联系，界面过渡区氢氧化钙晶体越多，其结构密度越低。

周甲佳等[61]详细研究了骨料尺寸对骨料界面过渡区强度特性的影响；试验首先设计了 6 组不同尺寸的圆柱体与棱柱体试件（岩石与砂浆成分各占 1/2），然后分别进行了单轴压缩试验与劈裂抗拉试验测定了岩石与浆体界面过渡区的抗拉强度与抗剪强度。分析结果表明：在试件尺寸为 50mm 范围内，浆体界面过渡区的抗拉强度与抗剪强度随尺寸变化大体相似，都是随着尺寸的增大而减弱，即浆体界面过渡区存在尺寸效应，当尺寸超过 50mm 后，这种效应将大幅度降低。

朱亚超[62]设计了砂浆-岩石复合试块，通过劈裂拉伸试验、直剪试验研究了砂浆与岩石界面过渡区粘结强度的特性。其结果表明：砂浆与岩石界面过渡区的粘结强度要远弱于砂浆自身强度；抗拉强度与抗剪强度受砂浆自身强度与岩石表面粗糙度的影响较为显著；砂浆自身强度与岩石表面粗糙度越高，越有利于提高砂浆与岩石界面过渡区抗拉强度与抗剪强度。

Rao[63]设计了两种不同类型试样进行了骨料-浆体界面过渡区粘结特性的研究。其结果表明：砂浆类型、骨料类型以及表面粗糙度都对骨料-浆体界面过渡区粘结强度产生不同程度的影响；值得注意的是不同类型的试样，其界面过渡区强度相差较大，M13 砂浆在类型一试件的界面粘结强度约为砂浆自身强度的 1/3，而在类型二试件的界面粘结强度则介于 M12 砂浆自身强度的 1/20～1/10，但总体来讲，骨料-砂浆界面粘结强度都要低于砂浆自身强度。

4.2 颗粒间粘结性能试验设计

上节总结分析了有关骨料颗粒间相互作用机理以及学者进行的相关试验研究，本章在此基础上设计了相关室内试验，提出对透水混凝土骨料颗粒之间粘结特性的研究。考虑到透水混凝土主要依靠水泥浆体对骨料颗粒表面进行包裹，在一定条件下，凝聚形成具有一定强度的结构，因此骨料表面的水泥浆包裹层厚度以及其包裹的状态都会直接影响到透水混凝土颗粒间的粘结性能。本章试验就以骨料表面水泥浆包裹厚度、骨料表面的粗糙度以及骨料种类 3 个影响因子，来探究其对透水混凝土骨料颗粒间粘结性能的影响。具体研究内容包括：采用自行设计的小规格试件，选取花岗岩以及玄武岩进行切割打磨成为圆柱形试块，进而对试块粘结表面进行打磨，使其表面具有不同粗糙度，然后选取合适水灰比的水泥浆体把试块粘结在一起形成拉伸试样，经过养护后再对试件进行加工，将其置于万能试验机上进行直接拉伸试验，主要技术路线如图 4.5 所示。

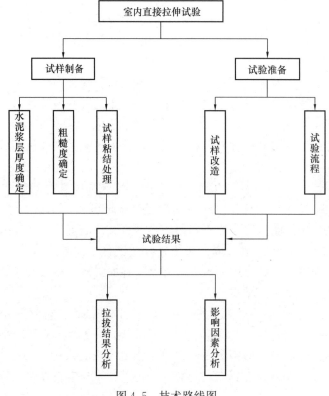

图 4.5 技术路线图

4.3　骨料粘结试样制备

4.3.1　试件原材料

（1）水泥

水泥是一种粉状水硬性无机胶凝材料，其加水拌和后，能够形成将砂、石等材料牢固胶结在一起的塑性水泥浆体，该浆体是透水混凝土内部结构主要组成部分之一，在透水混凝土结构中主要起到粘结作用，是建立透水混凝土骨料之间联系的桥梁。通过对透水混凝土的结构破坏特征进行大量的研究发现：骨料的强度要远远大于水泥浆体，水泥浆体附近是最容易受力破坏的地方，因而在制备透水混凝土时，要尽可能选择强度大、活性好的一些水泥。本章采用山水水泥集团生产的普通硅酸盐水泥 P·O42.5R 进行试验，其基本参数如表 4.1 所示。

水泥基本参数　　　　　　　　　　　表 4.1

检验项目	标准稠度	初凝时间	终凝时间	安定性	抗压强度（MPa）	
	用水量	（min）	（min）		3d	28d
结果	25%	150	200	合格	21.7	45.2

（2）岩石

透水混凝土骨料包括一般的普通骨料（砂石、碎石）和某些特殊骨料（浮石、陶粒等），可形成透水混凝土的骨架，甚至废弃建筑的碎砖和混凝土也可以使用。本章只讨论用碎石浇筑的混凝土，级配碎石当中常见的一般有石灰岩、花岗岩、玄武岩，本章试验选用其中的两种（花岗岩与玄武岩）来进行骨料种类对透水混凝土骨料颗粒间粘结性能的探究。鉴于试验条件的限制，不能够利用碎石进行试验，因而选用原石进行加工制作试件，取样过程如图 4.6 所示。

图 4.6　石料取样图

岩石是由一种或两种以上的矿物组成且具有稳定外形的集合体，其力学及物理性质通常较为复杂，如其所具有的各向异性、非均质性、非线性、结构效应及尺寸效应等都会对试验结果造成一定影响。一般来讲随着岩体的尺寸增加，其内部的缺陷增多，进而导致强度降低，在目前的相关研究中这是被普遍赞同的观点，为减小尺寸效应对试验结果带来的影响，试验选择了较小的试件尺寸，另外考虑到圆柱体试块相较于块体试块受到端部效应以及尺寸效应的影响要小得多，因此，本章试验确定岩石规格为半径与厚度都为 2.5cm 的圆柱体岩块，如图 4.7 所示。这样后期用水泥浆把圆饼状岩石粘结在一起时，可以让试件的厚径比保持在 1 左右，也方便后期对试件进行加载。

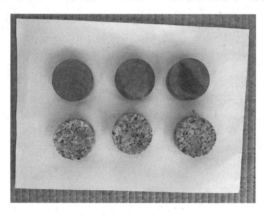

图 4.7　试件规格

4.3.2　水灰比

水灰比指拌和混凝土混合料时，水与水泥质量的比值。对于透水混凝土而言，水灰比是一个比较重要的性能参数，水灰比的选取对透水混凝土的成型效果、空隙特性和力学性能均有较大影响。当水灰比较小时，含水量较低的水泥浆体将不能充分地进行水化反应，从而使水化产物减少，最终导致骨料之间粘结性能减弱，透水混凝土的强度大幅度降低；当水灰比较大时，浆体流动性大幅度增大，透水混凝土将会很容易出现流浆堵孔的现象，导致透水混凝土的透水性能大大降低。因此在透水混凝土结构设计中，水灰比应不宜过大或过小，需要同时兼顾透水混凝土的力学及透水性能进行确定。根据以往实际经验，透水混凝土常见的水灰比有 0.35，0.38，0.40 等，本章试验采用的水泥浆水灰比为 0.35。

4.3.3　水泥浆层厚度范围

对于特定水灰比的水泥浆体，骨料的包裹厚度都会存在一个最大值，即最大包裹厚度，当浆体厚度低于此值时，浆体便会很稳定的粘附在骨料表面，当高于此值时，稳定性会大幅度减弱，出现浆体滑落现象[64]，因此为有利于探究骨料颗粒间的粘结特性，试验选用了骨料表面最大包裹厚度来确定水泥浆层厚度。

根据以往经验，试验选用粒径分别为 4.75～9.5mm、9.5～13.2mm 的碎石，进行骨料表面最大包裹厚度的测定。骨料表面水泥浆体最大包裹厚度的测定步骤如下[65,66]：

（1）为避免杂质对骨料间粘结性能产生影响。试验首先将粗骨料用水清洗干净，然后放入烘箱进行烘干并称其质量。

（2）将烘干后的粗骨料取出放入搅拌器中，继而倒入过量水灰为 0.35 的水泥浆，使其浸没骨料，然后使用搅拌棒均匀搅拌 2min，如图 4.8 所示。

（3）把表面已经均匀包裹水泥浆体的骨料倒入孔径为 2.36mm 的筛网上，将其静置 2min，使水泥浆能够稳定包裹在集料表面。

（4）用镊子小心翼翼地把表面已经稳定包裹水泥浆体的粗骨料转移到称量天平上，称

图 4.8　骨料称重及浆体搅拌

量已经包裹水泥浆的骨料质量，如图 4.9 所示，最后计算附着水泥浆体质量。

图 4.9　骨料表面裹浆及其称重

　　由于透水混凝土中骨料形状不规则并且粒径大小不一，所以准确计算出骨料的比表面积较难，根据国内外学者的相关研究结果，利用如下方法可以较为准确地计算出粗骨料表面水泥浆体最大包裹厚度。

　　骨料的比表面积计算公式如下[14]：

$$S(d) = \frac{1}{2}\left(\frac{6}{\rho_s \times G_1} + \frac{6}{\rho_s \times G_2}\right) \tag{4.1}$$

式中：$S(d)$——单位质量骨料比表面积；

　　　　ρ_s——骨料表观密度；

　　　　G_1——级配范围内最小粒径；

　　　　G_2——级配范围内最大粒径。

　　骨料表面水泥浆包裹厚度计算公式如下：

$$CPT = \frac{m_1}{\rho S(d) m_2} \tag{4.2}$$

式中：CPT——骨料表面最大包裹厚度；

m_1——附着浆体质量；

m_2——干燥骨料质量；

ρ——水泥浆体密度。

已知粒径 4.75～9.5mm 骨料表观密度为 2845kg/m³，粒径 9.5～13.2mm 骨料表观密度为 2780kg/m³，水泥浆的密度为 1.935g/cm³，称量粒径 4.75～9.5mm 骨料附着水泥浆的质量为 105.8g，干燥骨料质量为 150g；称量粒径 9.5～13.2mm 骨料附着水泥浆的质量为 110.8g，干燥骨料质量为 240g。

将以上数据代入式（4.1）、式（4.2）可以得出骨料表面水泥浆体最大包裹厚度，其中粒径 4.75～9.5mm 的水泥浆最大包裹厚度为 1.1mm，9.5～13.2mm 粒径的水泥浆最大包裹厚度为 1.2mm；因此，本章试验考虑岩样间水泥浆体厚度分别为 1.0mm、1.2mm、1.4mm。

4.3.4　试件粘结

（1）岩石表面处理

一般来说，骨料的表面越光滑，骨料与水泥浆之间的摩擦力和咬合力就会越小，进而使骨料颗粒与水泥浆的粘结强度降低；相反，骨料的表面越粗糙，骨料与水泥浆之间的摩擦力和咬合力就会越大，进而增大骨料与水泥浆体的粘结强度，故本章试验也考虑了岩石表面粗糙度对粘结强度的影响。试验对于骨料表面具有一定粗糙度的处理方式是通过使用不同目数的金刚石磨片打磨岩石试块使其表面具有不同的粗糙度，采用的金刚石磨片目数分别为 120 目和 150 目，如图 4.10 所示。对于粗糙度的设计，通过触摸骨料表面的起伏度来进行确定。

图 4.10　金刚石磨片

将切割好的石料分为两类，一类为花岗岩，共计 54 块，可制作 27 组试件；一类为玄武岩，共计 36 块，可制作 18 组试件。各组试块的分组标记的代号释义如表 4.2 所示，其中 C_1H_1 代表骨料表面为原切面的岩石试件，水泥浆层厚度为 1.0mm；C_1H_2 代表骨料表面为原切面的岩石试件，水泥浆层厚度为 1.2mm；C_1H_3 代表骨料表面为原切面的岩石试件，水泥浆层厚度为 1.4mm，以此类推；试块表面粗糙度是随着编号增加而增加的，水泥浆层厚度也是随着编号增加而增加的。分类编号后对石料粘结面进行打磨，如图 4.11 所示。

代号释义表　　　　　　　　　　　　　　　　　　　　　　表 4.2

代号	C_1	C_2	C_3
H_1	原切面 水泥浆厚度 1.0mm	粗糙度为 150 目 水泥浆厚度 1.0mm	粗糙度为 120 目 水泥浆厚度 1.0mm

续表

代号	C₁	C₂	C₃
H₂	原切面 水泥浆厚度 1.2mm	粗糙度为 150 目 水泥浆厚度 1.2mm	粗糙度为 120 目 水泥浆厚度 1.2mm
H₃	原切面 水泥浆厚度 1.4mm	粗糙度为 150 目 水泥浆厚度 1.4mm	粗糙度为 120 目 水泥浆厚度 1.4mm

图 4.11　试件标记与打磨

（2）试件粘结处理

对于控制水泥浆体粘结层厚度，采用的是不同厚度的塑料垫片，其原因有以下两个方面：一是由于试件是竖直放置成型的，因此选择在水平方向上进行控制，直接将塑料垫片水平放置于石块的中心；二是由于木质垫片或者金属垫片在养护过程中可能会吸水膨胀或者生锈，会对水泥的粘结性能产生影响，因而选择塑料垫片。试件粘结步骤如下：

1）为了避免粘结面上的浮灰对水泥粘结性能造成影响，在进行粘结石块工作之前需要将试块洗净晾干。

2）在控制水泥浆层厚度的实现方式上，采取的手段是利用塑料垫片置于石块中心，塑料垫片如图 4.12 所示。

3）抹上过量的水泥浆，随后用另外一块石块置于其上进行挤压，整个过程可类比于制作"夹心饼干"，试件制作过程如图 4.13 所示。

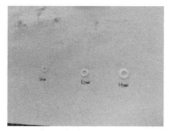
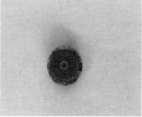

图 4.12　塑料垫片　　　　　　　　图 4.13　试件制作成型

（3）试样养护

新成型的透水混凝土暴露在空气中，由于内部结构存在大量的空隙，与普通混凝土相比，其水分蒸发要快，失水更多，因此需要应采取适当的养护方法来养护透水混凝土，特别要注意早期养护，避免对后期强度造成不良影响，本章试验所用试件放入恒温恒湿养护箱进行养护（温度 20±4 ℃，相对湿度 95％左右），养护至 28d 后，进行下一步试验。

4.4　骨料粘结性能拉拔试验

4.4.1　试验设备

由于自制的直接拉伸试件是小规格试件，为了减小试验误差，不能采用大量程的试验设备进行试验。本次试验采用的是量程为 50kN 的 MTS 电子万能试验机，如图 4.14 所示，该设备具有加载系统、变形控制系统和数据采集系统。该电子万能试验机可以利用外部反馈信号对试验机进行精确的控制，能够有效地调节和控制应变率，保证检测过程的平稳；该电子万能试验机操作起来也较为简单快捷，只需要在电脑中设置好试验方案，在试验过程中，数据将会自动连续采集，后续可以将数据导出做进一步处理。

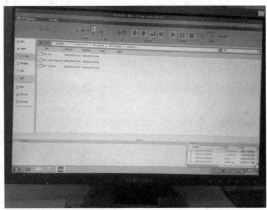

图 4.14　万能试验机和操作界面

4.4.2　定位夹持

由于养护后的试件不能直接置于万能试验机上进行直接拉伸，因此需要对试件进行进一步的改造。根据轴拉力施加方式的不同，进行直接拉伸的试件大多做成外加式、内埋式以及粘贴式三种形式，由于本次试验的试件规格较小，制作夹具不便，更不可能在试件中预埋杆件，故选择了简单可行的粘贴式进行处理。这种粘贴方式可以较大限度地削弱端部效应对试验结果的影响，粘贴操作时，首先对试件表面进行清洗干燥，然后把端部带铁片的金属杆件用环氧树脂胶粘在试件表面，如图 4.15 所示，这样就可以对试件进行直接拉伸。

此外需要注意的是，在单轴抗拉试验过程中，试件物理对中的问题导致难以实现准确的轴心抗拉，与此同时，夹具和试验机的不同刚度也会对试验产生影响，即使在试验初期做到了轴心受拉，测量段的应力分布也不可能是均匀的，特别是试件开裂之后出现的偏心现象，所以完全避免偏心的产生是不可能的。偏心现象的产生不是人为可以控制，所以只能在试验前，尽可能地让金属杆件与试件中心对中，来减小误差。

4.4.3　试验步骤

（1）将加工后的试件金属杆件擦干净，通过万能试验机的控制手柄把横梁调整到合适位置，将试件夹紧，此过程要避免人为外力把试件破坏，需要多加小心。

（2）在万能试验机软件操作界面上把力与位移全部清零，根据设置的试验方案点击运行，本次试验加载速率设定为 0.05 mm/min。

（3）当观察软件界面的力与位移曲线出现骤变或者听到试件发出较大的破坏声音时，停止运行。

图 4.15　加工后的试件

（4）将破坏后的试件取下，如图 4.16 所示，并且保存数据，然后重新放上另一个试件重复上述步骤，再次进行拉伸，本次试验中每组相同的试件个数为 3 个。

图 4.16　破坏后的试件

4.5　试验结果

抗拉强度计算采用以下公式，需要注意的是，由于试件粘结处放置了塑料垫片，所以在计算原始横截面积的时候需要减去塑料垫片的面积。

$$\sigma = \frac{F}{A} \tag{4.3}$$

式中：F——试件破坏时承受的最大力；

　　　A——试件原始横截面积。

4.5.1 花岗岩数据整理

（1）粗糙度为 C_1 的花岗岩

粗糙度为 C_1 的花岗岩试件试验数据如表 4.3 所示，水泥浆厚度为 1.0mm 时，试样位移在 0.233043mm 时达到峰值拉力，其值为 257.14N，通过计算得其抗拉强度为 0.41MPa；水泥浆厚度为 1.2mm 时，试样位移在 0.279130mm 时达到峰值拉力，其值为 296.49N，通过计算得其抗拉强度为 0.55MPa；水泥浆厚度为 1.4mm 时，试样位移在 0.323826mm 时达到峰值拉力，其值为 343.86N，通过计算其抗拉强度为 0.70MPa。

粗糙度为 C_1 的花岗岩试件试验数据　　表 4.3

C_1H_1		C_1H_2		C_1H_3	
位移（mm）	力（N）	位移（mm）	力（N）	位移（mm）	力（N）
0.001739	3.00752	0.002609	1.75439	0.002435	4.01003
0.006087	13.5338	0.006261	14.9123	0.007913	17.0426
0.008261	27.8195	0.007826	32.4561	0.011565	34.0852
0.010000	45.8647	0.010957	52.6316	0.017044	57.1429
0.012609	60.1504	0.013565	69.2982	0.020696	82.2055
0.013478	74.4361	0.016174	88.5965	0.026783	109.273
0.016522	90.9774	0.018261	102.632	0.028964	110.568
0.018696	107.519	0.024522	111.404	0.031652	137.343
0.022609	121.805	0.031304	126.316	0.041391	162.406
0.026957	133.835	0.036522	140.351	0.049913	189.474
0.033478	151.128	0.038743	141.652	0.052776	191.235
0.041739	162.406	0.042261	152.632	0.059652	203.509
0.048696	170.677	0.051652	166.667	0.071217	220.551
0.055217	177.444	0.058435	177.193	0.083391	234.586
0.063478	182.707	0.066783	188.596	0.086730	238.324
0.076522	184.962	0.078261	200.000	0.099826	240.602
0.078745	184.831	0.090783	207.018	0.116870	245.614
0.088261	188.722	0.103304	214.035	0.137565	250.627
0.099565	192.481	0.121565	222.807	0.155826	254.637
0.113043	192.481	0.136696	228.0700	0.163542	254.887
0.127391	193.985	0.153391	231.579	0.176522	255.639
0.137884	193.761	0.165442	232.753	0.197826	258.647
0.140000	195.489	0.170087	235.088	0.220957	264.662
0.151304	196.992	0.183652	238.596	0.238000	271.679
0.161304	196.992	0.199304	240.351	0.248760	272.895
0.106913	202.256	0.208760	244.234	0.255652	278.697
0.180435	208.271	0.213391	247.368	0.271478	286.717
0.189013	211.278	0.230087	253.509	0.287304	290.727
0.200000	214.286	0.242609	262.281	0.293876	294.324
0.206957	218.045	0.253043	270.175	0.299478	304.762
0.211304	227.068	0.258923	274.543	0.308609	321.805
0.218261	236.09	0.264000	278.947	0.309864	325.876
0.223913	245.113	0.272870	285.965	0.315304	331.830
0.228261	252.632	0.279130	296.491	0.323826	343.860
0.233043	257.143	0.284348	286.842	0.330522	298.747
0.236522	252.632	0.284348	153.509	0.332348	174.436
0.237826	1.50376	0.286435	5.26316	0.333565	4.01003

（2）粗糙度为 C_2 的花岗岩

粗糙度为 C_2 的花岗岩试件试验数据如表 4.4 所示，水泥浆厚度为 1.0mm 时，试样位移在 0.232174mm 时达到峰值拉力，其值为 300.88N，通过计算得其抗拉强度为 0.48MPa；水泥浆厚度为 1.2mm 时，试样位移在 0.277043mm 时达到峰值拉力，其值为 350.4N，通过计算得其抗拉强度为 0.65MPa；水泥浆厚度为 1.4mm 时，试样位移在 0.320174mm 时达到峰值拉力，其值为 403.23N，通过计算其抗拉强度为 0.85MPa。

粗糙度为 C_2 的花岗岩试件试验数据　　　　　　　　表 4.4

C_2H_1		C_2H_2		C_2H_3	
位移（mm）	力（N）	位移（mm）	力（N）	位移（mm）	力（N）
0.001739	5.26316	0.003652	5.13784	0.002435	4.66165
0.003478	21.0526	0.005739	17.4687	0.006696	18.6466
0.004783	36.8421	0.007304	29.7995	0.008522	39.6241
0.005652	54.386	0.013044	58.5714	0.011565	60.6015
0.007826	71.0526	0.014087	71.9298	0.014609	78.0827
0.010435	90.3509	0.016696	85.2882	0.016435	100.226
0.013044	108.772	0.019826	100.702	0.020087	124.699
0.014348	123.684	0.020870	120.226	0.022522	148.008
0.019130	142.105	0.024000	134.612	0.028609	170.15
0.023913	160.526	0.028174	151.053	0.037739	213.271
0.029565	177.193	0.031304	163.383	0.045044	228.421
0.035217	186.842	0.037044	177.769	0.049304	242.406
0.042609	200.000	0.041739	192.155	0.059652	257.556
0.049130	209.649	0.046435	203.459	0.070000	268.045
0.060435	215.789	0.053217	213.734	0.080957	277.368
0.071739	216.667	0.062087	222.982	0.093130	285.526
0.080870	220.175	0.071478	229.148	0.104087	290.188
0.090000	225.439	0.082957	234.286	0.115652	297.18
0.101304	228.070	0.096000	239.424	0.129043	300.677
0.112609	229.825	0.107478	245.589	0.144261	307.669
0.121739	228.947	0.118435	250.727	0.166174	318.158
0.130000	228.947	0.129391	255.865	0.175913	321.654
0.150435	231.579	0.141391	259.975	0.189913	326.316
0.159565	232.456	0.154435	263.058	0.202696	334.474
0.169130	235.965	0.179478	265.113	0.213652	340.301
0.177826	242.982	0.195130	271.278	0.227043	346.128
0.188696	247.368	0.211304	276.416	0.241043	353.12
0.198696	250.000	0.224870	285.664	0.256261	358.947
0.206087	256.140	0.235826	291.830	0.264783	364.774
0.210435	264.912	0.247304	299.023	0.277565	374.098
0.217826	274.561	0.255652	311.353	0.290348	382.256
0.223043	285.965	0.262957	322.657	0.310435	396.241
0.228696	292.982	0.271304	338.070	0.320174	403.233
0.232174	300.877	0.277043	350.401	0.327478	397.406
0.236957	295.614	0.283304	345.263	0.329913	385.752
0.237391	157.895	0.284348	181.880	0.332957	203.947
0.238261	1.75439	0.285913	4.11028	0.333565	3.49624

（3）粗糙度为 C_3 的花岗岩

粗糙度为 C_3 的花岗岩试件试验数据如表 4.5 所示，水泥浆厚度为 1.0mm 时，试样位移在 0.231739mm 时达到峰值拉力，其值为 342.86N，通过计算得其抗拉强度为 0.55MPa；水泥浆厚度为 1.2mm 时，试样位移在 0.276522mm 时达到峰值拉力，其值为 385.12N，通过计算得其抗拉强度为 0.70MPa；水泥浆厚度为 1.4mm 时，试样位移在 0.33120mm 时达到峰值拉力，其值为 421.79N，通过计算其抗拉强度为 0.89MPa。

粗糙度为 C_3 的花岗岩试件试验数据　　　　　　　　　　表 4.5

C_3H_1		C_3H_2		C_3H_3	
位移（mm）	力（N）	位移（mm）	力（N）	位移（mm）	力（N）
0.001739	−1.00251	0.002609	2.24561	0.002504	3.64662
0.004348	14.0351	0.006261	15.7193	0.004383	19.4486
0.005217	35.0877	0.008870	38.1754	0.005635	40.1128
0.006522	49.1228	0.012000	53.8947	0.008139	58.3459
0.008261	68.1704	0.013044	71.8596	0.010644	80.2256
0.010435	90.2256	0.015652	89.8246	0.013148	104.536
0.012609	111.278	0.018261	111.158	0.016904	127.632
0.015217	133.333	0.021391	134.737	0.021287	156.805
0.019130	155.388	0.024522	158.316	0.026296	184.762
0.022609	174.436	0.028696	180.772	0.031930	209.073
0.026522	190.476	0.032870	203.228	0.040070	234.599
0.031304	202.506	0.039652	221.193	0.048835	256.479
0.036522	213.534	0.045913	235.789	0.060104	274.712
0.044348	227.569	0.053739	248.14	0.065739	285.652
0.050435	238.596	0.059478	262.737	0.076383	296.591
0.059565	244.612	0.067826	269.474	0.093913	300.238
0.070000	245.614	0.076696	272.842	0.108939	305.100
0.078696	249.624	0.090783	277.333	0.123339	308.747
0.090000	252.632	0.104870	281.825	0.138991	313.609
0.102609	257.644	0.116870	284.07	0.152139	317.256
0.113913	258.647	0.130957	286.316	0.164661	319.687
0.123478	259.649	0.143478	286.316	0.177183	324.549
0.133043	261.654	0.160174	287.439	0.190957	333.058
0.142609	261.654	0.174261	286.316	0.204104	342.782
0.153913	263.659	0.185739	297.544	0.214748	348.860
0.163043	266.667	0.195652	302.035	0.227896	353.722
0.172174	270.677	0.206609	311.018	0.242296	363.446
0.181304	277.694	0.217043	318.877	0.254191	370.739
0.190435	283.709	0.229043	327.86	0.266713	378.033
0.199565	285.714	0.237913	334.596	0.280487	387.757
0.207391	295.739	0.245739	343.579	0.291130	395.050
0.213478	305.764	0.251478	352.561	0.301774	403.559
0.218261	316.792	0.260348	366.035	0.311791	412.068
0.225652	333.835	0.268696	376.14	0.322435	418.145
0.231739	342.857	0.276522	385.123	0.33120	421.792
0.236957	336.842	0.283304	379.509	0.339965	414.499
0.237826	176.441	0.284870	189.754	0.341843	213.935
0.238696	4.01003	0.285913	2.24561	0.343096	4.86216

4.5.2　玄武岩数据整理

（1）粗糙度为 C_2 的玄武岩

粗糙度为 C_2 的玄武岩试件试验数据如表 4.6 所示，水泥浆厚度为 1.0mm 时，试样位移在 0.231739mm 时达到峰值拉力，其值为 327.62N，通过计算得其抗拉强度为 0.52MPa；水泥浆厚度为 1.2mm 时，试样位移在 0.278087mm 时达到峰值拉力，其值为 364.89N，通过计算得其抗拉强度为 0.68MPa；水泥浆厚度为 1.4mm 时，试样位移在 0.325043mm 时达到峰值拉力，其值为 403.23N，通过计算其抗拉强度为 0.86MPa。

粗糙度为 C_2 的玄武岩试件试验数据　　　　　　　　　表 4.6

C_2H_1		C_2H_2		C_2H_3	
位移（mm）	力（N）	位移（mm）	力（N）	位移（mm）	力（N）
0.001739	1.90476	0.002087	5.28822	0.001826	4.69173
0.004783	17.1429	0.007304	20.0952	0.006696	22.2857
0.007826	38.0952	0.010435	39.1328	0.009130	45.7444
0.009130	55.2381	0.013565	56.0551	0.010957	73.8947
0.010870	78.0952	0.016174	81.4386	0.014609	100.872
0.012174	98.0952	0.018783	107.880	0.020087	129.023
0.016087	123.810	0.025565	133.263	0.024348	158.346
0.019130	146.667	0.031826	159.704	0.030435	184.150
0.020143	148.457	0.037758	161.580	0.038348	202.917
0.022174	167.619	0.039130	181.915	0.045044	221.684
0.028696	189.524	0.047478	203.068	0.048906	228.790
0.038261	208.571	0.056870	223.163	0.054174	241.624
0.039674	210.679	0.064696	239.028	0.065130	261.564
0.048696	223.810	0.068888	242.708	0.078522	277.985
0.062174	232.381	0.076174	249.604	0.093739	287.368
0.076087	235.238	0.093391	257.008	0.113217	299.098
0.091739	241.905	0.104870	264.411	0.127826	304.962
0.098756	242.807	0.121043	270.757	0.143652	308.481
0.107826	245.714	0.140348	272.872	0.161304	310.827
0.123913	247.619	0.157043	276.045	0.175913	314.346
0.139130	248.571	0.173217	282.391	0.194783	316.692
0.147850	248.978	0.187304	290.852	0.210000	317.865
0.155217	249.524	0.189981	294.641	0.225217	321.383
0.170870	259.048	0.198783	297.198	0.240435	331.940
0.183043	265.714	0.211826	303.544	0.255043	340.150
0.188657	267.868	0.226435	314.120	0.267826	347.188
0.196522	270.476	0.237913	323.639	0.281217	357.744
0.207391	280.952	0.248870	334.216	0.293391	369.474
0.216522	300.952	0.259826	345.85	0.306174	381.203
0.225217	318.095	0.270261	355.368	0.318348	392.932
0.231739	327.619	0.278087	364.887	0.325043	403.489
0.236957	318.095	0.283304	356.426	0.330522	396.451
0.237391	169.524	0.285391	187.203	0.331739	209.955
0.237826	0.952381	0.286435	5.28822	0.334174	5.86466

（2）粗糙度为 C_3 的玄武岩

粗糙度为 C_3 的玄武岩试件试验数据如表 4.7 所示，水泥浆厚度为 1.0mm 时，试样位移在 0.231304mm 时达到峰值拉力，其值为 378.25N，通过计算得其抗拉强度为 0.61MPa；水泥浆厚度为 1.2mm 时，试样位移在 0.276000mm 时达到峰值拉力，其值为 416.67N，通过计算得其抗拉强度为 0.77MPa；水泥浆厚度为 1.4mm 时，试样位移在 0.323826mm 时达到峰值拉力，其值为 451.79N，通过计算其抗拉强度为 0.95MPa。

粗糙度为 C_3 的玄武岩试件试验数据　　　　　　　　　　表 4.7

C_3H_1		C_3H_2		C_3H_3	
位移（mm）	力（N）	位移（mm）	力（N）	位移（mm）	力（N）
0.00087	2.00004	0.002609	2.38095	0.002435	6.49123
0.003478	11.0276	0.006261	16.6667	0.006087	20.7719
0.006087	30.8772	0.008348	38.0952	0.009739	46.7368
0.007391	49.6241	0.009913	58.3333	0.013391	74.000
0.009130	68.3709	0.012000	83.3333	0.015217	103.860
0.010870	86.0150	0.013565	104.762	0.018261	135.018
0.012174	103.659	0.016696	127.381	0.022522	159.684
0.015652	129.023	0.019826	151.19	0.026174	189.544
0.021304	166.516	0.022957	173.81	0.031652	210.316
0.024348	187.469	0.028174	202.381	0.038957	234.982
0.026957	204.01	0.039652	239.286	0.045652	255.754
0.032609	217.243	0.048000	258.333	0.05600	276.526
0.038261	229.373	0.057913	273.81	0.070609	290.807
0.047391	242.607	0.068348	286.905	0.08400	307.684
0.053044	253.634	0.081391	294.048	0.08600	309.663
0.059565	262.456	0.097044	298.810	0.09800	318.07
0.084348	275.689	0.114783	304.762	0.110783	329.754
0.091739	278.997	0.131478	307.143	0.12600	342.737
0.100870	283.409	0.146609	310.714	0.143652	351.825
0.112609	282.306	0.158087	313.095	0.161304	359.614
0.123913	286.717	0.169565	320.238	0.178348	364.807
0.146522	288.922	0.180522	330.952	0.192957	366.105
0.156957	291.128	0.189913	340.476	0.211826	372.596
0.167826	297.744	0.210783	357.143	0.230087	381.684
0.176957	306.566	0.221217	369.048	0.244696	392.07
0.188696	312.08	0.229043	376.19	0.258087	405.053
0.206522	327.519	0.238435	386.905	0.27087	419.333
0.214783	345.163	0.249391	394.048	0.286696	431.018
0.220870	357.293	0.260348	403.571	0.301913	440.105
0.225652	367.218	0.266087	410.714	0.31287	451.789
0.231304	378.246	0.276000	416.667	0.323826	451.789
0.236087	369.424	0.281739	413.095	0.33113	433.614
0.237391	192.982	0.283304	209.524	0.331739	228.491
0.238261	4.41103	0.286435	5.95238	0.332957	9.08772

4.6　骨料粘结性能试验结果分析

4.6.1　拉拔结果分析

各试件的拉拔试验结果如图 4.17 与图 4.18 所示，可以看出，粘结岩样的拉拔力-位移曲线大体相似，可分为 3 个阶段。

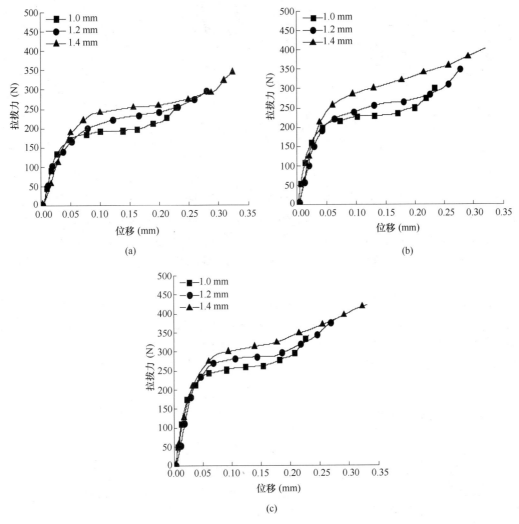

图 4.17　花岗岩拉拔力-位移曲线

（a）表面粗糙度 C_1；（b）表面粗糙度 C_2；（c）表面粗糙度 C_3

线弹性阶段：试件随着外部拉拔力的增加，拉伸位移呈线性增加。该阶段拉拔力相对较小，没有达到使试件内部原始微裂隙逐步扩展的临界能量值，微裂隙处于非常稳定的状态，试件间只有弹性变形，表现出随着拉拔力的提升，位移只有较小的增加，弹性模量较高。在此阶段，水泥浆体的粘结厚度对试件粘结性能的影响较小。

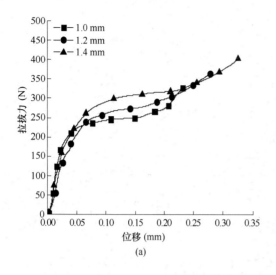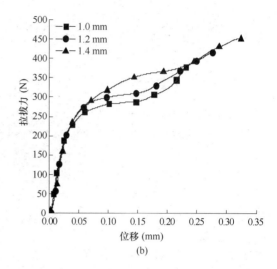

图 4.18　玄武岩拉拔力-位移曲线

(a) 表面粗糙度 C_2；(b) 表面粗糙度 C_3

塑性发展阶段：拉拔力-位移曲线表现为拉拔力增长缓慢而拉伸位移增长较快，此时由于拉拔力的增大，岩样初始微裂缝开始稳定扩展，局部损伤及开裂发展导致岩样间发生塑性变形，由模量较高的弹性阶段迅速转化为位移快速增长阶段，岩样间界面及水泥浆体内部开始出现损坏，层间粘结性能变弱。该阶段水泥浆厚度影响比较明显，随着水泥浆厚度的增加，抗拉性能增强。

破坏阶段：随着拉伸位移的增加，塑性发展到最后阶段拉拔力呈短暂增加后迅速破坏。此阶段岩样间裂缝开始失稳扩展，导致骨料-浆体界面过渡区、水泥浆体自身或靠近骨料—浆体界面过渡区的岩石受力变形达到极限临界值，使岩样发生拉拔破坏。粗糙度低时多表现为水泥浆体与岩样间粘结界面破坏，而粗糙度高时水泥浆体自身、岩样-水泥浆体粘结界面都有破坏现象。

4.6.2　影响因素分析

（1）水泥浆厚度的影响

水泥浆厚度对花岗岩与玄武岩试样的极限抗拉强度影响规律如图 4.19 所示。岩石试件的抗拉强度是随着水泥浆厚度的增加而逐渐增强。其中，糙度为 C_1 的花岗岩试件抗拉强度是随着水泥浆体厚度的增加呈近似线性增强，如水泥浆厚度由 H_1 增加至 H_3 过程中，抗拉强度分别增加 0.14MPa、0.15MPa。而花岗岩试样在 C_2 粗糙度下抗拉强度随水泥浆厚度的增幅相比 C_1 粗糙度下要大，增幅分别为 0.17MPa、0.2MPa，在 C_3 粗糙度下，岩石试件的抗拉强度增幅介于 C_1、C_2 之间，分别为 0.15MPa、0.19MPa。玄武岩试样在 C_2 与 C_3 粗糙度下，抗拉强度随水泥浆厚度的变化曲线规律基本相同，增幅分别为 0.16MPa、0.18MPa，即不同粗糙度条件下，水泥浆厚度对玄武岩岩样抗拉强度影响规律相同。岩样抗拉强度之所以随着厚度的增加而增强，分析其原因：随着浆体厚度的增加，岩石试样的延展性增强，变形能力得到提升，从而提高了岩样的抗拉强度。

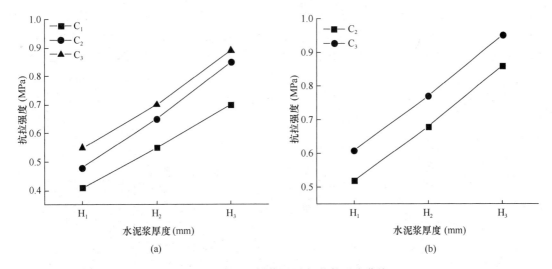

图 4.19　岩石试样浆层厚度-抗拉强度曲线

(a) 花岗岩；(b) 玄武岩

（2）粗糙度影响

骨料表面粗糙度对花岗岩与玄武岩试样的抗拉强度影响规律如图 4.20 所示。岩样的抗拉强度是随着骨料表面粗糙度的增加而逐渐增强的。分析其原因：粗糙的岩石表面较大的微细观凹凸起伏使其表面具有较大的表面积，水泥浆填充岩样表面使岩样表面和水泥浆具有更大的接触面积，故而增强了岩样极限抗拉强度。因此，从增强骨料间粘结强度的角度来讲需要增加骨料的破碎面，避免使用砾石作为骨料。从花岗岩试样试验结果可以发现：当花岗岩试样水泥浆层厚度为 H_2 时，随着粗糙度由 C_1 增加至 C_3 抗拉强度的增幅分别为 0.1MPa、0.05MPa，而水泥浆层厚度为 H_3 时，抗拉强度的增幅分别为 0.15MPa、0.04MPa。由此说明：在水泥浆厚度一定的条件下，粗糙度由较小的 C_1 变化到 C_2 过程中，花岗岩试样的极限抗拉强度增加比较明显，而粗糙度由 C_2 增加至 C_3 过程中，花岗岩试样的抗拉强度增幅显著变缓，分析其原因可能为粗糙度达到一定程度后，花岗岩试样拉拔破

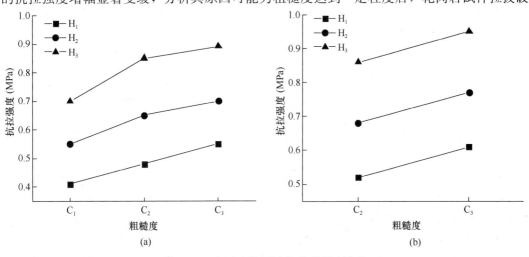

图 4.20　岩石试样粗糙度-抗拉强度曲线

(a) 花岗岩；(b) 玄武岩

坏不再发生在岩石-水泥浆体粘结界面，而是发生水泥浆体中。玄武岩试样的抗拉强度随岩样粗糙度的增加而增加，但不同水泥浆厚度条件下，相互平行，增幅为 0.09MPa，即粗糙度对玄武岩岩样抗拉强度影响程度在不同水泥浆层厚度条件下相同。

（3）岩石种类影响

骨料种类对花岗岩与玄武岩试样的抗拉强度影响规律如图 4.21 所示，在相同粗糙度及水泥浆厚度条件下，玄武岩试件的抗拉强度都要高于花岗岩试件。分析其原因可能由于花岗岩的酸性以及吸水率相较于玄武岩要强，花岗岩粘结界面要比玄武岩更容易吸引钙离子，进而使花岗岩粘结界面富集大量的氢氧化钙晶体，降低了花岗岩界面过渡区的结构密度，最终使花岗岩试样的抗拉强度低于玄武岩试样[8]。从抗拉强度柱状图中可以发现：岩样在 H_1C_2、H_2C_2、H_3C_2 条

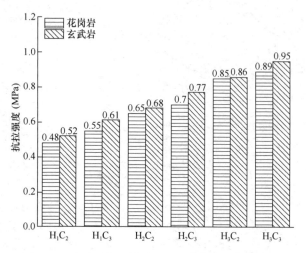

图 4.21　玄武岩与花岗岩极限抗拉强度对比柱状图

件下，玄武岩试样的抗拉强度分别比花岗岩试样的抗拉强度高出 0.04MPa、0.03MPa、0.01MPa，在 H_1C_3、H_2C_3、H_3C_3 条件下，玄武岩试样的抗拉强度分别比花岗岩试样的抗拉强度高出 0.06MPa、0.07MPa、0.06MPa。由此得出：粗糙度由 C_2 变至 C_3，对玄武岩岩样粘结强度的影响程度相较于花岗岩要大。其原因可能与岩石的微细观构造以及化学成分有关，需要从微细观角度进一步研究解释。

4.7　本章小结

本章主要设计了室内直接拉伸试验，通过岩石试件的拉伸性能来反应骨料颗粒间的粘结特性。本章首先详细地介绍了试件的制作与养护过程，其中在制作试件过程中为了让试块表面具有一定粗糙度，使用不同目数的金刚石磨片对试块粘结面进行打磨；为了控制水泥浆层的厚度，把不同厚度的塑料垫片置于试块中心；在进行直接拉伸试验之前，对试件进行了改造，将试件两端粘贴了带有金属片的金属杆，这样就能使试件放置于万能试验机上进行直接拉伸。通过对试验数据进行整理分析可得以下结论。

（1）岩石试件拉拔力-位移曲线基本表现为 3 个阶段：弹性变形阶段、塑性变形阶段、加速破坏阶段。弹性变形阶段主要与岩样表面粗糙度有关，受水泥浆厚度影响较小，进入塑性阶段直至破坏阶段过程中拉力-位移曲线受岩样表面粗糙度和水泥浆厚度影响均较大。

（2）花岗岩与玄武岩试样随着水泥浆层厚度的增加抗拉强度都是显著增加的，但两种岩样增加规律有所区别，花岗岩试件在粗糙度 C_2 时，抗拉强度随水泥浆厚度增长幅度最大，而玄武岩试样的抗拉强度随水泥浆厚度的变化规律受试样表面粗糙度影响较小。

（3）花岗岩与玄武岩试样的抗拉强度都随着岩样粗糙度的增加而显著增强，如以花岗岩为例，水泥浆厚度为 H_2 时，表面粗糙度由 C_1 增加至 C_3 过程中，花岗岩试样抗拉强度增

加 0.15MPa，增幅达 27.3%。特别是粗糙度由原切面 C_1 增加至 C_2 过程中，抗拉强度的增加最为明显，说明透水混凝土骨料选择时应注意破碎方法和破碎面要求。

（4）岩石种类对岩样间抗拉强度有一定影响，在相同粗糙度与水泥浆包裹厚度条件下，玄武岩试样的抗拉强度比花岗岩试样抗拉强度要高，即玄武岩碎石粘结强度优于花岗岩碎石，其原因可能与岩石表面的微细观构造及岩石成分和水泥浆体的粘结界面过渡区构造有关，需要从微细观角度进一步研究解释。

第5章 透水混凝土空隙结构及渗透特性

与传统密实混凝土相比，透水混凝土内部空隙数量大且分布具有随机性，这些错综复杂的空隙将直接影响到透水混凝土的物理力学性能和渗水性能。本章主要探求透水混凝土空隙结构特点及其与透水性能之间的关系。空隙特性的获取分二维图像分析法和三维CT扫描分析法，可分别获取透水混凝土试块的二维切面和三维空隙结构。渗水特性主要通过室内试验和仿真方法分析不同空隙特性试件的渗水能力。本章主要以第2章所设计的两种级配（G1、G2）为基础，设计不同空隙率下的二维及三维状态。

5.1 透水混凝土平面空隙特征

平面空隙特征主要从平面空隙率、空隙大小及其分布、空隙形态三个角度来评价。平面空隙率指平面空隙面积占试件截面面积的百分比。空隙形态指空隙在截面所呈现的形状特点。空隙大小及其分布是指空隙的尺寸和不同尺寸的孔在空间的位置排列和集中程度。

5.1.1 二维空隙结构图像处理

（1）数字图像处理技术

一幅图像可以定义为一个二维函数 $f(x,y)$，其中 x,y 是图像中像素点的坐标，在平面坐标系 (x,y) 上的幅值 $f(x,y)$ 称为该像素点灰度值或者强度。当像素点的坐标位置与其相应的灰度值或强度之间满足二维函数关系且 x,y 和幅值 $f(x,y)$ 都为离散有限的数值时，则称该图像为数字图像。数字图像处理是指借助计算机对图像进行去噪、增强、分割、提取特征等操作，以达到人们所期望的图像视觉效果，便于对目标对象的提取与加工。此处理技术起初流行于医学影像、天文学等领域，随后在土木工程领域也被广泛使用。由于 Photoshop CC 和 Image Pro Plus 都具备强大的图像处理能力，所以图像轮廓处理、图像光线调整、灰度调整、阈值分割以及空隙边缘的识别与提取功能均基于上述两个图像处理软件实现。

（2）图像增强技术

在试件剖面图像获取的过程中，由于相机质量和光线等其他原因会给数字图像带来噪声，使得图像质量降低，有用的信息变模糊，不利于图像信息的采集，为了改善图像的获取质量，有必要对剖面图像进行增强处理。图像增强是改善图像质量的有效方法，此操作的主要目的是突出图像中有用的信息，同时过滤掉图像中无用的信息，凸显出图像中所需要采集的信息，这样便于对图像做进一步分析和处理。图像增强技术可分为基于空域的算法和基于频域的算法。

1）基于空域的算法

基于空域的算法是直接对图像灰度级进行运算，对图像中的像素点进行操作，用数学表达式描述如下：

$$g_1(x,y) = f_1(x,y) \cdot h_1(x,y) \tag{5.1}$$

式中：$f_1(x,y)$——原始图像；

$h_1(x,y)$——空间转换函数；

$g_1(x,y)$——进行处理后的图像。

基于空域算法包括点运算算法和邻域去噪两种算法。点运算算法的目的是使获取的图像更均匀，使图像的动态范围扩大以达到提高对比度的目的；邻域增强算法分为平滑和锐化两种图像处理效果。其中图像平滑消除了图像产生的噪声，但同时会引起图像边缘模糊的问题。而图像锐化是突出物体边缘轮廓的处理方法，便于进行目标识别。

2）基于频域的算法

频域法是通过间接方式对图像进行处理，在变换域内修正图像的变换系数。例如，对某一图像首先进行傅立叶变换，使其变换到频域，然后进行滤波修正，再对图像反变换到空域，通过此方法处理达到图像增强的目的。

如果要更好地分析平面图像中的空隙特征，可以采用基于空域算法中的点运算算法来增强数字图像的效果，以达到弱化骨料信息、强化空隙特征信息的目的，此处理可以将原始图像中的骨料信息和空隙信息有效区分，便于下一步选择恰当的阈值。二维平面数字图像增强后的效果如图 5.1 所示。

(a)   (b)

图 5.1 数字图像增强

（a）初始二维数字图像；（b）增强后的二维数字图像

（3）图像阈值分割

图像阈值分割是最常用的图像分割方法，其分割原理是确定一个灰度或者多个灰度作为一个中间值即阈值，然后将此确定的灰度值与图像中其他像素点的灰度值进行比较，若被比较的像素点区域灰度值高于所确定的阈值则此区域标记为1，若被比较的像素点区域灰度值低于所确定的阈值则此区域标记为0，从而将图像中所有像素点划分为两种或者多种不同性质的区域，阈值的选取是否恰当决定了图像分割的精确度和可靠性。基于阈值的分割技术作为主要图像分割手段，人们发展了各种各样的阈值处理技术，其中常用的方法包括最大类间方差法（OTSU 算法）、迭代式阈值法、双峰法等。

最大类间方差法，又称为 OTSU 算法，该分割方法是以灰度图像的直方图为基础，通过最小二乘法原理推导出来的，具有统计意义上的最佳分割。其基本原理是以最佳阈值将图像的灰度值分割为方差最大的两部分，因此图像具有最大的分离性。

迭代式阈值法是通过逼近的方式求得最恰当的分割阈值，其基本步骤是首先确定图像的最大灰度值和最小灰度值，分别记为 $T_{\max}$ 和 $T_{\min}$ ，并令初始阈值 $T_0 = (T_{\max} + T_{\min})/2$ ；然后将阈值 T_0 设为分割阈值，并将图像分成 A_1 和 A_2 两个区域，其中 A_1 区域的像素灰度值大于 T_0 ， A_2 区域的像素灰度值小于 T_0 ；最后分别计算出 A_1 和 A_2 两个区域的平均灰度值 Z_1 和 Z_2 ，按迭代公式 $T_{k+1} = (Z_1 + Z_2)/2$ 计算出新阈值，迭代过程中当 $T_k = T_{k+1}$ 时，即获得分割图像所需要的恰当阈值。

双峰法常用于某一图像的灰度级直方图，具有明显的双峰状，因此可以选择直方图谷底所对应灰度值作为选定阈值。通过选定的阈值将整个图像分割成两个不同的区域，即背景对象和目标对象。其公式如式（5.2）所示。

$$h(x,y) = \begin{cases} 1 & f(x,y) > T \\ 0 & f(x,y) \leqslant T \end{cases} \quad (5.2)$$

式中：$f(x,y)$ ——点 (x,y) 的像素值；

$h(x,y)$ ——分割后的图像；

T ——阈值。

图 5.2　空隙分布数字图像

根据不同图像选择合适的阈值分割方法，经双峰法对试件剖面图像进行阈值分割，可得到如图 5.2 所示试件剖面图像的空隙分布图，其中黑色区域代表空隙，白色区域代表骨料和胶凝材料。

5.1.2　二维平面空隙特征参数的提取

透水混凝土的截面是由各级粒径的集料和空隙组成，由于集料的大小和形态各异且呈无序状态分布，所以导致截面图像中的空隙级配是由各类大小以及不同形状的空隙按照某一比例组成。大小不同和形态各异的空隙对试件的力学性能和排水性能所起的作用不同。因此在描述截面图像中空隙分布特征时，就必须从空隙的大小以及形态两个大的角度分别研究，而通常从如下几个方面来表征空隙大小和形态特性：空隙面积、平面空隙率、试件截面上所有空隙的面积之和与截面面积之间的比值。等效直径、等效椭圆以及圆度等基本参数，将基于 IMAGE PRO PLUS 软件提取分析所得。

（1）空隙面积

最简单的面积计算是统计边界内部（包括边界）像素的数目，即所谓的像素计数面积。还有一种常见的面积定义是多边形面积，即按像素中心定义的多边形面积等于所有像素点的个数减去边界像素点数目的一半加 1。其数学表达式为：

$$A_1 = N_0 - \left(\frac{N_b}{2} + 1\right) \quad (5.3)$$

式中：N_0 ——包含边界的空隙像素数目；

N_b——边界上像素的数目；

A_1——单个空隙的面积（mm²）。

这种像素点计数法表示的空隙面积的修正方法是基于这样的概念：将空隙轮廓可以看作由一个封闭的曲线围成，而且空隙的轮廓和外面的骨料轮廓共用此封闭曲线，即封闭曲线边界像素的一半像素属于骨料而另外一半像素属于空隙。也就是说，可以通过减去周长一半来近似地修正这种由像素点计数得出的面积，此计算方法较复杂。因而，本书将采用包含边界像素的面积计算法，但像素和面积单位之间没有直接的换算关系，通常情况下需要借助像素（pixel）来进行单位换算。

（2）空隙的大小及形态特征

空隙等效直径：若某一圆形的面积与此空隙的面积相等，则将该圆的直径定义为等效直径，这是传统的空隙分类方法，一直被众多数字图像处理程序所沿用。空隙等效直径大小将会在一定程度上反映空隙的大小，空隙的等效直径越大反映空隙越大，相反，空隙的等效直径越小则空隙越小。

等效椭圆：即与此空隙面积相等的椭圆，图 5.3 为等效椭圆示意图。

空隙圆度：空隙圆度可以有效地描述空隙的形态属性，其定义为等效椭圆的长轴与短轴之间的比值，即空隙圆度

图 5.3　等效椭圆

＝长轴÷短轴。当空隙圆度的值无限接近于 1 时则表示该空隙形状为圆形，当空隙圆度的值远离 1 时则说明长轴与短轴之间差值较大，因此该空隙形态大致呈细长的椭圆状。

（3）平面空隙特征参数的提取

本书采取在每一组空隙率下各取一个 G1 级配试件和 G2 级配试件，根据上述的流程对取出的试件进行切割、数码相机拍照、阈值分割一系列操作后，将所得的透水混凝土二值化平面数字图像导入至 IMAGE PRO PLUS 软件中，并设定标尺和相关参数后可以统计出数字图像中平面空隙的面积以及圆度等直接参数，然后通过所得的直接参数，经过换算后即可得到平面空隙率、等效直径等其他间接参数。图 5.4（a）、（b）分别展现了设计空隙率为 25％时 G1 级配和 G2 级配平面空隙图像透水混凝土平面二维空隙特征参数提取示意图。

5.1.3　平面空隙特征获取结果与分析

为了进一步加强对上述操作步骤的理解，本书进行了相关试验的辅助说明。本次试验中选用长度为 100mm 的立方体试件，对立方体试件切割打磨后所得到的截面尺寸为 100mm×100mm，因为 IMAGE PRO PLUS 软件在统计数字图像内空隙大小时其计量单位是像素（pixel），因此需要将统计出的单个空隙面积数据和面积单位制之间进行换算，为了换算简便，可将数字图像的像素尺寸调整为 1000pixel×1000pixel 之后再导入到 IMAGE PRO PLUS 软件中，此时得到的单个空隙面积可经过换算得到，换算公式如下：

$$空隙面积（mm^2）＝空隙面积（pixel^2）\cdot \frac{1000pixel×1000pixel}{100mm×100mm} \qquad (5.4)$$

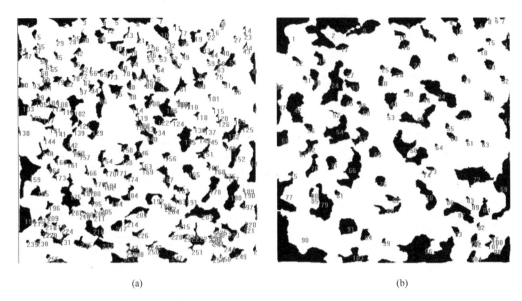

(a) (b)

图 5.4　空隙特征参数提取

单个空隙的等效直径按下式计算：

$$等效直径 = 2\left(\frac{孔隙面积}{\pi}\right)^{\frac{1}{2}} \tag{5.5}$$

从图 5.4 中可以直观地看出，G1 和 G2 级配试件的内部空隙在平面内分布较为均匀，每个区域均有空隙存在，没有出现空隙成片封堵的情况，证明了重锤击实法的有效性。下面分析不同空隙率和不同级配对平面空隙率、等效直径以及圆度等参数的影响，空隙特征参数统计结果如表 5.1 所示。

试件内部平面空隙特征　　　　　　　　　　　　　　　表 5.1

级配	空隙率 n_0	平均平面空隙率		平均等效直径（mm）		平均空隙圆度	
G1	27.5%	21.8% 18.2%	20.0%	2.1 1.9	2.0	1.9 2.0	2.0
	25.6%	18.6% 17.6%	18.1%	1.9 2.1	2.0	2.1 2.1	2.1
	23.5%	15.4% 14.1%	14.8%	1.8 2.0	1.9	2.0 2.1	2.0
	21.7%	10.8% 12.9%	11.9%	1.9 1.7	1.8	2.0 2.0	2.0
G2	27.3%	22.2% 20.9%	21.6%	3.1 3.1	3.1	2.0 1.9	2.0
	26.0%	18.3% 18.1%	18.2%	3.2 3.0	3.1	2.1 2.1	2.1
	23.8%	16.0% 15.9%	16.0%	3.2 2.8	3.0	2.1 2.1	2.1
	21.9%	14.3% 14.0%	14.2%	2.6 2.8	2.7	2.1 2.1	2.1

（1）平面空隙率分析

不同级配不同空隙率情况下的平面空隙率如表 5.1 所示。由表可以看出，在空隙率相同的情况下，对比两种级配的平面空隙率可以发现，G2 级配的平面空隙率比 G1 级配的大。由此可知试件的骨料粒径越大，平面空隙率与空隙率值就越接近。

在 G1 级配和 G2 级配试件中，随着空隙率的增大平面空隙率也随之增大且两种级配的平面空隙率都小于试件空隙率。为分析平面空隙率与试件空隙率之间是否具有相关性，将两者建立函数关系表达式，如图 5.5 所示。

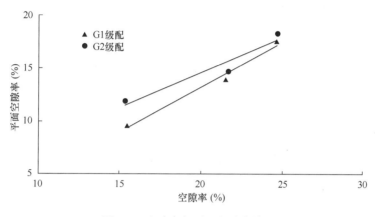

图 5.5　空隙率与平面空隙率关系

由图 5.5 可知，两种级配的空隙率与平面空隙率之间具有高度线性相关关系，其中 G1 级配的相关关系表达式为：$y = 1.2967x - 0.1459$，相关性系数 $R^2 = 0.944$；G2 级配的相关关系表达式为：$y = 1.4153x - 0.1858$，相关性系数 $R^2 = 0.99$。因此对于这两种级配情况来说，若已知空隙率或平面空隙率两者中任一参数，即可通过上述拟合公式推算出另外一个参数。因此，立方体试件的空隙率可以通过上述公式等效为平面空隙率。

（2）平面等效直径分析

等效直径是表征空隙大小特征的参数，由表 5.1 可以看出，在相同级配的试件中虽然空隙率的变化对平均等效直径的影响很小，但是会影响试件内部空隙的分布情况。为了进一步分析孔径在截面内的分布情况，将换算后的空隙面积（mm²）根据圆形面积计算公式进一步换算成等效直径（mm），将所得的等效直径数据导入 Minitab 软件中并绘制出每组空隙率下 G1 级配和 G2 级配试件截面中孔径分布直方图，如图 5.6、图 5.7 所示。

由图 5.6 和图 5.7 可知，G1 级配试件的 4 种空隙率情况下，截面的平均等效直径都在 2mm 左右，G1 级配和 G2 级配试块截面中孔径分布范围都比较广。其中 G1 级配试件的孔径在平面大致呈以下规律：孔径小于 1mm 的微小空隙占总数量的 30% 左右，其次介于 1~6mm 的中等空隙占到总量的 70% 左右，而 6mm 以上的超大空隙数量较少；G2 级配的孔径在平面分布规律与 G1 级配大致相同，但 G2 级配试件截面中孔径小于 1mm 的微小空隙占比 20% 左右，直径分布在 1~9mm 中等空隙占比达到 80% 左右，9mm 以上的超大空隙数量占比较小。G2 级配截面比 G1 级配试件截面的中等空隙分布范围广、数量大且孔径值大。两种级配的截面中微小空隙数量较多但其所占截面比较小；虽然超大空隙的数量较小，但其单个空隙面积较大，因而也能占据截面的相当一部分面积。

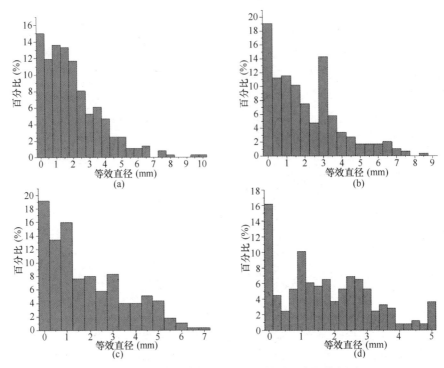

图 5.6　不同空隙率下 G1 级配试件平面孔径分布图

(a) 27.5%；(b) 25.6%；(c) 23.5%；(d) 21.7%

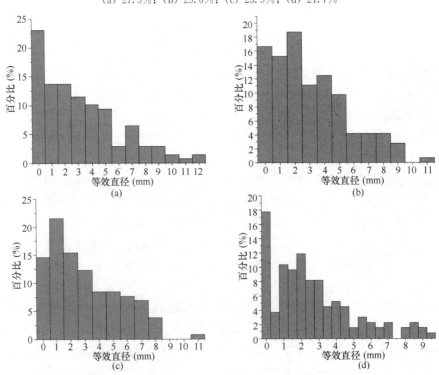

图 5.7　不同空隙率下 G2 级配试件平面孔径分布图

(a) 27.3%；(b) 26.0%；(c) 23.8%；(d) 21.9%

从上述孔径分布规律可猜想：G2 级配试件的平面孔径要大于 G1 级配试件。对比图 5.6 和图 5.7 也可以发现，G2 级配的平均孔径比 G1 级配的平均孔径大，这说明透水混凝土试件的孔径与骨料粒径大小成正比。空隙率基本相同的试件中，骨料粒径越大，截面中大孔径空隙所占比值就越大且各孔径区间的空隙数量分布也较为均匀。这是因为骨料粒径越大，其紧密堆积空隙率越大，因此容易形成较大的空隙。

（3）平面空隙圆度分析

圆度是用来表征平面空隙形状特征的参数。将空隙数字图像导入 IPP 软件中，IPP 会自动将空隙拟合成等效椭圆并自动得出每个空隙圆度值，将圆度值导入至 Minitab 中即可生成直方图。

由表 5.1 中可以看出，两种级配中试件与试件的圆度差值很小，所有试件的平面空隙圆度都在 2 左右。因此可知，级配和空隙率对平面空隙形状的影响可以忽略不计。图 5.8 和图 5.9 是不同空隙率情况下 G1 级配和 G2 级配试件截面中平面空隙的圆度直方图。由两图可以看出，两种级配的空隙圆度值分布范围都比较广，但圆度值在 1～3 的空隙数量占总数量的 90% 左右，空隙圆度值越接近于 1 时表明该空隙的形状呈圆形，远远大于 1 时该空隙形状则呈细长的条状，从圆度值分布特征来看，圆度值在 1 左右的空隙数占总数量的 20%～30%，由此可见，试件截面内的绝大部分空隙的形状大致呈圆形或者细长的椭圆形。

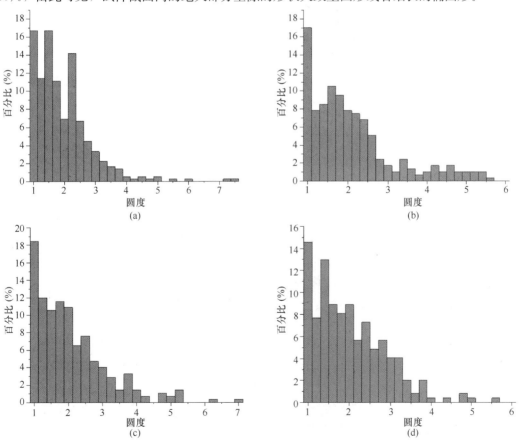

图 5.8　不同空隙率下 G1 级配试件圆度分布图

(a) 27.5%；(b) 25.6%；(c) 23.5%；(d) 21.7%

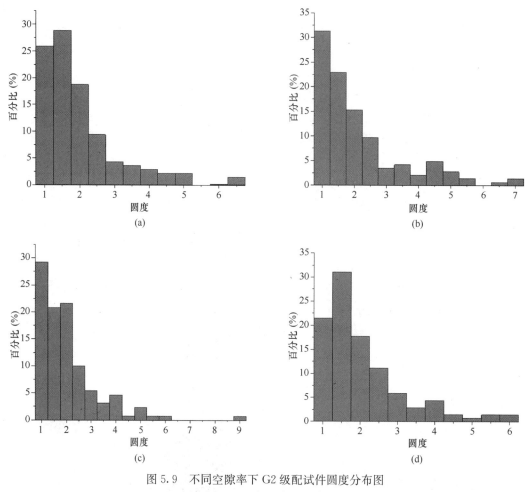

图 5.9 不同空隙率下 G2 级配试件圆度分布图

(a) 27.3%；(b) 26.0%；(c) 23.8%；(d) 21.9%

5.2 三维空隙结构

利用计算机对每一个对应物体断面层进行扫描成像的技术被称为 CT 扫描技术，该技术可以在不损伤被检测物体的前提下，清晰地呈现出每一层的图像。CT 扫描的目的就是准确、清晰、无伤地将透水混凝土内部空隙结构表现出来。

5.2.1 CT 成像

（1）成像原理

X 射线的吸收原理就是 CT 扫描检测技术的基本原理，首先通过探测器对穿过该层截面 X 射线的信息进行接收，当 X 射线穿透均匀的物体进行照射后，物体的 X 射线存在指数衰减。物体对于 X 射线的吸收能力因其密度的不同而不同，衰减系数能准确地体现出其吸收能力，且物体的密度与 X 射线的吸收能力呈正相关，即物体的密度越大，X 射线吸收能力就越强，反之，物体密度越小，X 射线吸收能力则越弱。当 X 射线穿透物体时，物体的光强存在遵守方程，如式（5.6）所示：

$$I = I_0 \exp(-\mu_m \rho x) \tag{5.6}$$

式中：I——X 射线穿透物体后的光强；

$\quad I_0$——X 射线穿透物体前的光强；

$\quad \mu_m$——质量吸收系数；

$\quad \rho$——物体的密度；

$\quad x$——穿透长度。

模数转换器通过采集 X 射线后的衰减信息，将输出信号经放大、积分处理混合，将其变成数字信号，再传输给计算机处理，最后重建形成横断面截面图，因为 X 射线的吸收系数 μ_m 与 X 射线的入射波长有关，所以定义 X 射线的吸收系数如式（5.7）所示：

$$M = \mu_m \rho \tag{5.7}$$

式中：μ_m——质量吸收系数。

$\quad \rho$——物体的密度。

CT 值是对于 CT 的定量描述，其主要采用英国 Hounsfield 教授定义的衰减系数，原理是将空气致密骨之间的 X 射线衰减系数的变化，划分为 2000 个单位，可以将物体的 CT 值定义为如式（5.8）所示：

$$H = \frac{\mu - \mu_w}{\mu_w} \times 1000 \tag{5.8}$$

式中：μ_w——水的吸收系数。

由定义可知，物体的 CT 数值在本质上主要体现的是物体的密度，且该密度是变化的数值，当 CT 值越小，物体的密度就越低，反之亦然。所以，CT 图像中的灰度和黑白图像能清晰地看出物体内部的空隙分布，可以完好无损地将透水混凝土内部空隙展现出来。CT 扫描系统组成如图 5.10 所示。

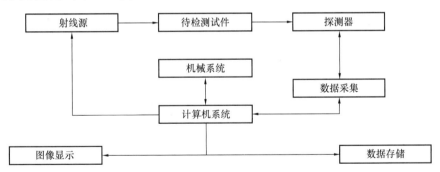

图 5.10　CT 扫描系统组成图

（2）FDK 重建算法

FDK 算法主要是将锥束扫描射线看为沿 Z 轴方向，但倾斜角度不同的扇束射线的堆积状态。但是扇束扫描重建仅作用于中心平面，对于非中心平面，即可通过扇束重建公式进行修正，得到近似的公式。

1）中心平面的重建公式：

$$f(r, \theta) = \frac{1}{2} \int_0^{2\pi} \frac{1}{U^2} \int_{-\infty}^{\infty} R_\beta(p) h(p' - p) \frac{D}{\sqrt{D^2 + p^2}} \mathrm{d}p \mathrm{d}\beta \tag{5.9}$$

$$p' = D + x\sin\beta - y\cos\beta \tag{5.10}$$

$$U = \frac{D + x\sin\beta - y\cos\beta}{D} \tag{5.11}$$

$$h(p) = \int_{-w}^{w} |\omega| e^{j\omega p} d\omega \tag{5.12}$$

因为直角坐标系 xoy 与旋转坐标系存在式（5.13）的变换关系：

$$\begin{bmatrix} t \\ s \end{bmatrix} = \begin{bmatrix} \cos\beta & \sin\beta \\ -\sin\beta & \cos\beta \end{bmatrix} \begin{pmatrix} x \\ y \end{pmatrix} \tag{5.13}$$

所以，可得式（5.14）：

$$p' = \frac{Dt}{D-s} \qquad U = \frac{D-s}{D} \tag{5.14}$$

将其代入式（5.9）～式（5.12），可得式（5.15）：

$$f(t,s) = \frac{1}{2} \int_0^{2\pi} \frac{D^2}{(D-S)^2} \int_{-\infty}^{\infty} R_\beta(p) h(p'-p) \frac{D}{\sqrt{D^2+P^2}} dp d\beta \tag{5.15}$$

2）对于非中心平面是在原来的基础上加入倾斜斜扇面与 Z 轴的交点坐标，其公式为：

$$f(t,s) = \frac{1}{2} \int_0^{2\pi} \frac{D^2}{(D-S)^2} \int_{-\infty}^{\infty} R_\beta(p,\xi) h(p'-p) \frac{D}{\sqrt{D^2+\xi^2+P^2}} dp d\beta \tag{5.16}$$

FDK 是基于圆轨道扫描的近似重建算法，其实现的主要步骤可以分为：首先通过加权因子对二维投影数据进行修正，然后考虑二维投影数据沿平行方向的滤波，最后对其进行反投影重构。普通的重构与物体存在的误差较大，但 FDK 算法因为需要采取合适的锥度，这样一来，就能大大减小重构的误差。FDK 正因为这一特性，成为很多研究者采用的方法。

5.2.2 CT 扫描分析

课题组取两种级配下三组不同空隙率（16%、22%、25%）透水混凝土试块进行 CT 扫描。扫描结束后，透视混凝土所获得的原始图像的二维切面图和三维立体灰度图如图 5.11～图 5.16 所示。

二维切片和三维立体图均有三种颜色，其中灰色为骨料，黑色为空隙，白色为杂质。从二维切片和三维立体图可以看出，设计空隙率越大黑色越多，相同空隙下级配越大黑色越多，而黑色越多代表空隙越大，则说明 CT 扫描是成功的。

5.2.3 三维空隙结构图像处理

（1）中值滤波处理

CT 扫描图像在传输过程中会存在噪声，该噪声也称为系统噪声，其主要表现形式为在图像上覆盖了原先点位上的信息，该噪声误差是随机分布的，且不可避免的。其不仅降低了图像的质量，还影响后续的图像复原、特征提取和图像识别，因此，在使用 AVIZO 进行三维重构之前，需要利用滤波函数对系统噪声进行处理，增加图像的质量，课题组选取了中值滤波法进行系统噪声的处理。

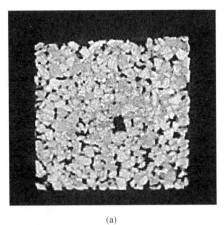

(a)　　　　　　　　　　　　　　　　(b)

图 5.11　G1 级配空隙率 16％二维切片和三维立体图

（a）G1 级配空隙率 16％二维切片图；（b）G1 级配空隙率 16％三维立体图

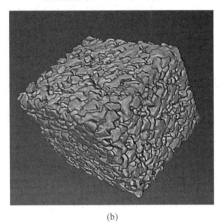

(a)　　　　　　　　　　　　　　　　(b)

图 5.12　G2 级配空隙率 16％二维切片和三维立体图

（a）G2 级配空隙率 16％二维切片；（b）G2 级配空隙率 16％三维立体图

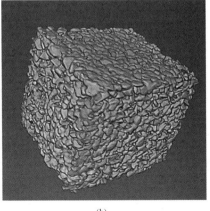

(a)　　　　　　　　　　　　　　　　(b)

图 5.13　G1 级配空隙率 22％二维切片和三维立体图

（a）G1 级配空隙率 22％二维切片图；（b）G1 级配空隙率 22％三维立体图

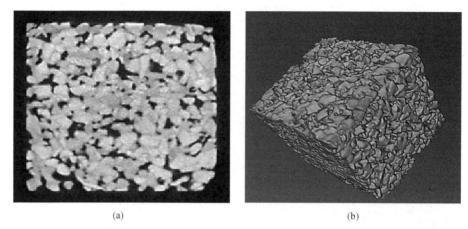

(a) (b)

图 5.14　G1 级配空隙率 22％二维切片和三维立体图

（a）G2 级配空隙率 22％二维切片图；（b）G2 级配空隙率 22％三维立体图

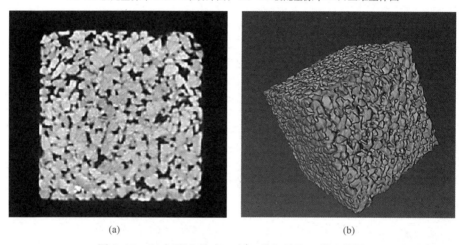

(a) (b)

图 5.15　G1 级配空隙率 25％二维切片和三维立体图

（a）G1 级配空隙率 25％二维切片图；（b）G1 级配空隙率 25％三维立体图

(a) (b)

图 5.16　G2 级配空隙率 25％二维切片和三维立体图

（a）G2 级配空隙率 25％二维切片图；（b）G2 级配空隙率 25％三维立体图

中值滤波法的优势在于其在对图像进行噪声处理时，在消除图像噪声的同时，还对原始图像的边缘起到了维护作用，保证了原始图像的灰度值不被改变。利用中值滤波降噪在一个数字信号上的序列下进行处理时，首先定义一个长窗口，给定所选长度为奇数，并将窗口中的信号样本进行大小排列，当数据为奇数时，则有式（5.17）；当数据为偶数时，则有式（5.18）。

$$y = Med\{x_1, x_2, x_3, x_4, \cdots, x_n\} = \frac{x_i(n+1)}{2} \tag{5.17}$$

$$y = Med\{x_1, x_2, x_3, x_4, \cdots, x_n\} = \frac{\left[\dfrac{x_i(n)}{2} + \dfrac{x_i(n+1)}{2}\right]}{2} \tag{5.18}$$

y 是窗口序列（ $x_1, x_2, x_3, x_4, \cdots, x_n$ ）的中值在窗口数据上进行滑动，再将窗口正中所对的像素值用窗口各个像素的中值代替，即为式（5.19）。

$$y(i) = Med[x(i-N), \cdots, x(i), \cdots, x(i+N)] \tag{5.19}$$

为了更好地理解上述理论，本书选取两组经中值滤波处理后效果较明显的对比图，如图 5.17、图 5.18 所示。

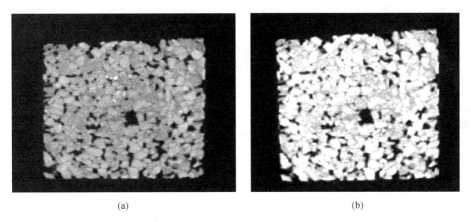

(a)　　　　　　　　　　　　　(b)

图 5.17　G1 级配空隙率 16％中值滤波处理前后对比

（a）G1 级配空隙率 16％处理前；（b）G1 级配空隙率 16％处理后

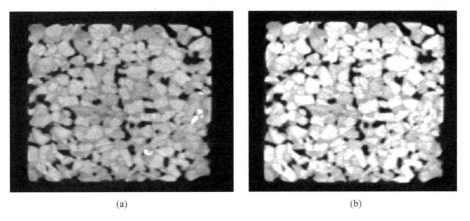

(a)　　　　　　　　　　　　　(b)

图 5.18　G2 级配空隙率 16％中值滤波处理前后对比

（a）G2 级配空隙率 16％处理前；（b）G2 级配空隙率 16％处理后

从图 5.17、图 5.18 中可以看出，中值滤波法对系统噪声进行了最大程度上的处理，且对图片的边缘保护很好，没有出现模糊的现象，更加接近透水混凝土内部的真实空隙分布状态。

（2）二值化图像处理

在 AVIZO 软件中首先将图像上的所有点的灰度值处于 0～255 之间，当灰度定为 0 或者定为 255 时会出现全黑或者全白的两种极端现象，为了能更好地进行区分，将其 Colour Mask 设置为蓝色。一般来说，当灰度值为 0 时，图像上显示的是背景或者物体区域外，当灰度值为 255 时，图像上显示的是透水混凝土物体，这是因为透水混凝土在图像上所表现的灰度值的等级不同，所以需使用合适的阈值进行图像分割。对于二值化处理通常有 5 种方法，即双峰法、P 参数法、最大熵阈值法、迭代法以及 Ostu 法。本书采取双峰法。

双峰法主要用于图像的灰度级直方图存在明显的双峰状的图像，可以采用灰度直方图的谷底所对应的灰度值为选定阈值。然后，根据选定阈值将图像分割成为两个不同的区域，也就是背景对象和目标对象。主要公式如式（5.2）所示。经过双峰法进行二值化处理的结果如图 5.19～图 5.21 所示。其中黑色代表空隙，白色代表骨料和胶凝材料。

（a）　　　　　　　　　　　　　　（b）

图 5.19　G1 级配空隙率 16％的二值化处理图

（a）G1 级配空隙率 16％处理前；（b）G1 级配空隙率 16％处理后

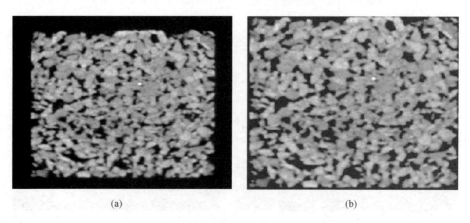

（a）　　　　　　　　　　　　　　（b）

图 5.20　G1 级配空隙率 22％的二值化处理图

（a）G1 级配空隙率 22％处理前；（b）G1 级配空隙率 22％处理后

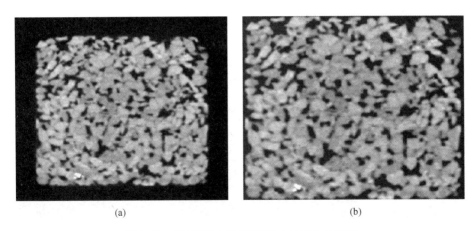

(a)　　　　　　　　　　　　　　(b)

图 5.21　G1 级配空隙率 22％的二值化处理图

(a) G1 级配空隙率 25％处理前；(b) G1 级配空隙率 25％处理后

（3）三维空隙重构

三维重构过程实质就是对真实三维物体建立适合计算机进行表达及处理的数值模型，并在计算机环境下进行数值模拟处理和分析。三维重构借助物体的序列二维断层图像，通过计算机图像技术真实的显示出物体三维模型。其主要是从医学领域的研究与应用中发展而来，后逐渐被应用到其他领域。常用的三维重构方法主要有面绘制法（Surface Rendering）、体绘制法（Volume Rendering）以及混合绘制法。

首先在 AVIZO 软件中选用 Interactive Thresholding 算法，然后在 Interactive Thresholding 算法的 Preview Type 选项中选择 3D，最后再使用 Volume Rendering 指令计算得出透水混凝土试块的三维空隙模型，如图 5.22 所示。

从图 5.22 可见，随着空隙率的增加，空隙的复杂程度和体积也在增加。此外，图中所示的三维重构空隙模型与真实的透水混凝土的空隙模型会存在一定的误差，而引起误差的原因主要有以下几点：第一是在选取空隙阈值的过程中存在误差；第二是在分割过程中，边界属于材料过渡区，不同算法分割效果不同；第三是三维重构的过程中算法对结果存在很大的影响。

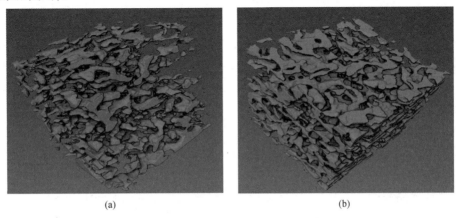

(a)　　　　　　　　　　　　　　(b)

图 5.22　透水混凝土三维空隙图（一）

(a) G1 级配空隙率 16％；(b) G2 级配空隙率 16％

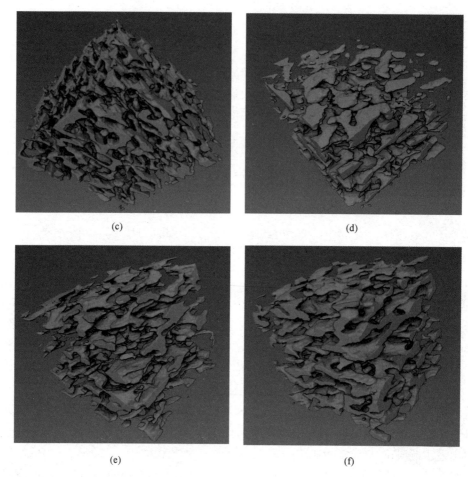

图 5.22　透水混凝土三维空隙图（二）
（c）G1 级配空隙率 22％；
（d）G2 级配空隙率 22％；（e）G1 级配空隙率 25％；（f）G2 级配空隙率 25％

5.2.4　三维平面空隙特征参数的提取

（1）空隙率的提取

模型建完之后，在使用 AVIZO 软件中的 Volume Fraction 对透水混凝土三维空隙模型的空隙率进行计算，主要计算方式是将透水混凝土三维重构的模型作为分母，经过 Interactive Thresholding 算法提取的透水混凝土三维空隙作为分子，计算结果如表 5.2、图 5.23 所示。

图 5.23 中 A 代表 G1 级配设计空隙率为 16％，B 代表 G1 级配设计空隙率为 22％，C 代表 G1 级配设计空隙率为 25％，经过 AVIZO 软件处理的透水混凝土试块 G1 级配的三维空隙率分别为 14.1％、19.9％、22.9％；D 代表 G2 级配设计空隙率为 16％，E 代表 G2 级配设计空隙率为 22％，F 代表 G2 级配设计空隙率为 25％，经过 AVIZO 软件处理的透水混凝土 G2 级配的三维空隙率分别为 14.3％、20.1％、23.0％。

透水混凝土三维空隙率计算   表 5. 2

级配	设计空隙率 （%）	实际空隙率 （%）	平面空隙率 （%）	三维空隙率 （%）
G1	16	15.5	9.5	14.1
	22	21.5	13.8	19.9
	25	24.6	17.5	22.9
G2	16	15.4	11.8	14.3
	22	21.7	14.7	20.1
	25	24.7	18.3	23.0

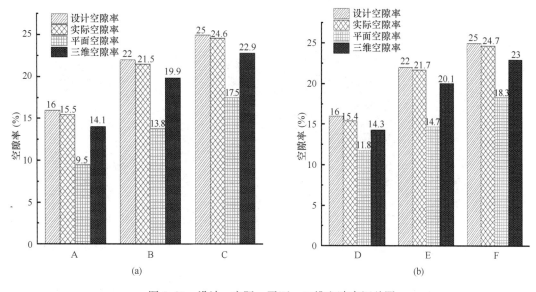

图 5.23 设计、实际、平面、三维空隙率汇总图
（a）G1 级配；（b）G2 级配

（2）空隙结构分布的提取

三维空隙结构分布对透水混凝土的性能有着至关重要的作用，所以，本节对透水混凝土三维空隙结构进行分析，主要分析步骤如下：在建立好的透水混凝土三维空隙模型基础上，采用 Label-Analysis 对透水混凝土三维空隙模型进行定量分析，在 Interpretation 界面选择 3D 进行三维空隙分析，再用 Volume Rendering 指令得出如图 5.24 所示的透水混凝土三维孔径模型。

根据 Label-Analysis show 选项对三维孔径分布进行进一步分析，采用球的半径公式，得出三维孔径的主要分布，通过图 5.25、图 5.26 可得，G1、G2 级配的孔径分布较为广泛，且大都处在 0～10mm 之间。其中 G1 级配 1～6mm 的孔径占孔径的总量最大，达到 60% 以上；其次是 0～1mm 的孔径，达到 30% 左右，6mm 以上的孔径占比较小。G2 级配 1～9mm 的孔径占孔径的总量最大，达到 80% 以上；其次是 0～1mm 的孔径，达到 15% 左右，9mm 以上的孔径占比较小且随着空隙率的增加，大孔径的占比逐渐增加而小孔径的占比逐渐减小。

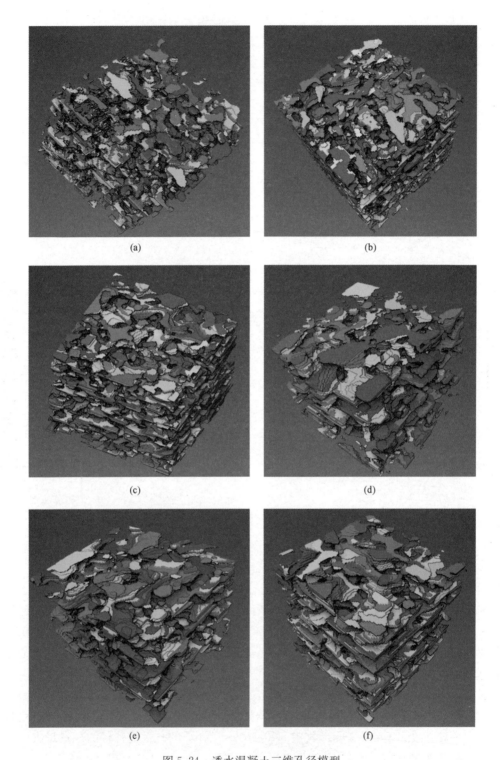

图 5.24　透水混凝土三维孔径模型

(a) G1 级配空隙率 16%；(b) G1 级配空隙率 22%；(c) G1 级配空隙率 25%；

(d) G2 级配空隙率 16%；(e) G2 级配空隙率 22%；(f) G2 级配空隙率 25%

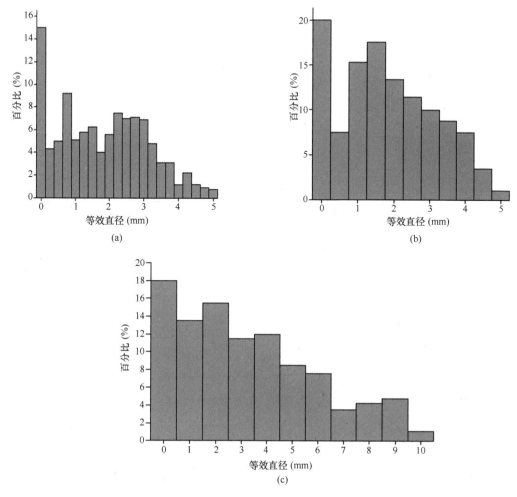

图 5.25　G1 级配下不同空隙率的三维孔径分布图

（a）空隙率 16％；（b）空隙率 22％；（c）空隙率 25％

图 5.24 中红色代表大孔径，蓝色代表中等孔径，其他颜色代表小孔径。从图中可以得出大粒径 G2 级配比小粒径 G1 级配的红色区域要多，也就意味着 G2 级配的大孔径比 G1 级配的要多。

（3）有效空隙率的提取

图 5.22 所示的是透水混凝土的全部空隙（连通空隙、半连通空隙、封闭空隙），真正能影响渗流的是连通空隙和半连通空隙，所以在上述操作完成的基础上，对透水混凝土三维空隙模型进行进一步的处理。

为了后续进行渗流数值模拟，就必须剔除掉非连通空隙，并得到连通空隙和半连通空隙，也可计算出三维空隙率。这就需要完成如下的操作：

首先选用 AVIZO 软件中的 Axis Connectivity 算法在 Orientation 上选择 Zaxis，将 Z 方向上的封闭空隙全部去除，得出的就是有效空隙，最后再使用 Volume Rendering 指令计算得出如图 5.27 所示的透水混凝土试块三维有效空隙模型。

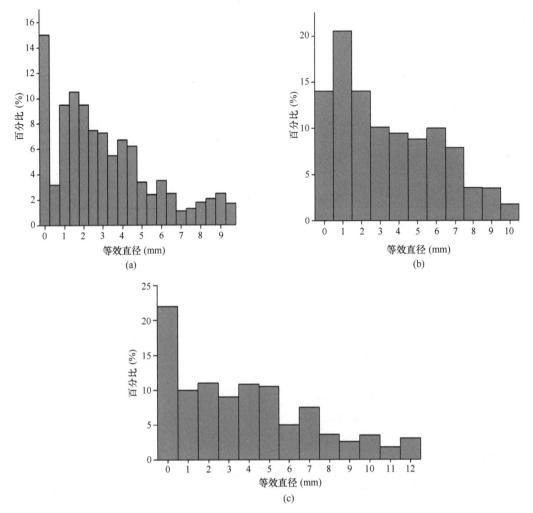

图 5.26 G2 级配下不同空隙率的三维孔径分布图

(a) 空隙率 16%；(b) 空隙率 22%；(c) 空隙率 25%

模型建完之后，再使用 AVIZO 软件中的 Volume Fraction 对透水混凝土三维有效空隙模型的空隙率进行计算，主要计算方式是将透水混凝土三维重构的模型作为分母，经过 Interactive Thresholding 算法提取的透水混凝土三维有效空隙作为分子，计算结果如表 5.3、图 5.28 所示。

透水混凝土三维有效空隙率计算   表 5.3

级配	设计空隙率	实际空隙率	平面空隙率	三维空隙率	三维有效空隙率
G1	16%	15.5%	9.5%	14.1%	11.1%
	22%	21.5%	13.8%	19.9%	16.8%
	25%	24.6%	17.5%	22.9%	20.5%
G2	16%	15.4%	11.8%	14.3%	10.8%
	22%	21.7%	14.7%	20.1%	16.4%
	25%	24.7%	18.3%	23.0%	20.2%

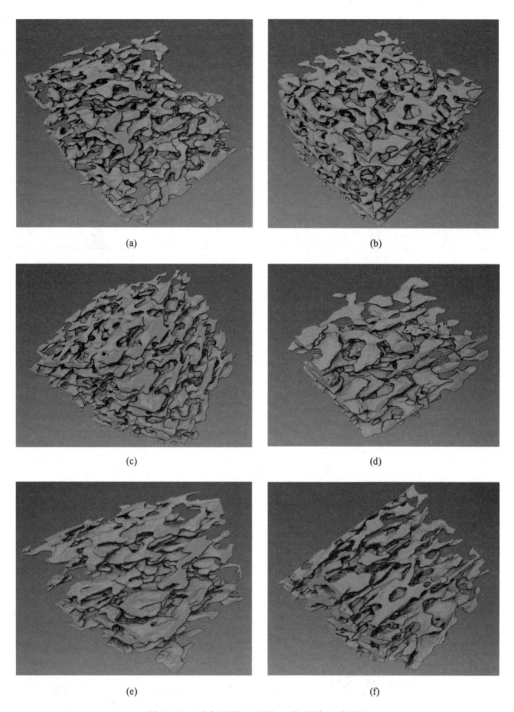

(a)

(b)

(c)

(d)

(e)

(f)

图 5.27 透水混凝土试块三维有效空隙模型

(a) G1 级配空隙率 16％；（b) G1 级配空隙率 22％；（c) G1 级配空隙率 25％；

（d) G2 级配空隙率 16％；（e) G2 级配空隙率 22％；（f) G2 级配空隙率 25％

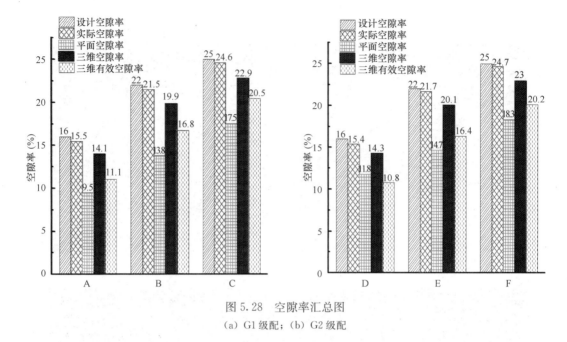

图 5.28　空隙率汇总图
(a) G1 级配；(b) G2 级配

图 5.28 中 A 代表 G1 级配设计空隙率为 16%，B 代表 G1 级配设计空隙率为 22%，C 代表 G1 级配设计空隙率为 25%，经过 AVIZO 软件处理的透水混凝土试块 G1 级配的三维有效空隙率分别为 11.1%、16.8%、20.5%；D 代表 G2 级配设计空隙率为 16%，E 代表 G2 级配设计空隙率为 22%，F 代表 G2 级配设计空隙率为 25%，经过 AVIZO 软件处理的透水混凝土 G2 级配的三维空隙率分别为 10.8%、16.4%、20.2%。

通过图 5.28 可以发现，三维有效空隙率与三维空隙率的比值随着空隙的增加，也从 75% 增加到 90%，这就说明，空隙率的增大会导致孔径增大，孔之间的相互连通性也会增大，所以，透水混凝土的连通空隙要比实际空隙小 4% 左右。

5.3　透水混凝土渗透特性

5.3.1　渗透测试方法

室内方法

对于透水介质渗水能力的评价方法主要有变水头测试法和常水头测试法。

1）变水头测试法

当前使用比较多的是路面渗水仪，这种方法操作比较简单，在试验过程中需要将路面与渗水仪的底面封水做好。路面渗水仪如图 5.29 所示。

2）常水头测试法

参考长安大学蒋玮所设计的常水头竖向渗

图 5.29　路面渗水仪

水系数测试仪，如图 5.30 所示，试验过程中将试件连同试模卡固于上储水溢水筒，为确保接触处密封不渗水，采用生胶带将接合处缠绕，并用透明胶带粘结。为避免进水口水流产生冲击影响试验结果，进水口距离上储水溢水筒的水平面不宜超过 30mm。试验时保证出水口 1 有连续稳定的水流流出，通过记录一定时间段 t 内出水口 2 的水流流量 v，就可以计算得到试件的渗水系数 C。其计算公式如式（5.20）所示：

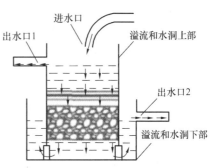

$$C = v/t \qquad (5.20)$$

图 5.30　常水头竖向渗水系数测试仪

3）无压力常水头渗透测试装置

本试验装置依据《公路工程沥青及沥青混合料试验规程》JTG E20—2011 中沥青混合料渗水试验（T0730—2011）测定多空隙沥青混合料试件渗水系数及《透水水泥混凝土路面技术规程》CJJ/T 135—2009 的仪器及方法，根据本试验自身特点及情况设计了模拟自然状态下雨时测量试件渗水系数的装置，在测定渗水系数的试验过程中严格按照相关规程操作。

因此从试验需求出发，研制了一个试验所需的渗透装置如图 5.31 所示，其可以在实验室内测定相关试件的渗水系数。

图 5.31　试验渗透装置

图 5.31 所示的试验渗透装置包括进水量筒、出水管、出水控制阀、喷头式出水口、透水桶、水面高度控制出水孔、水面高度控制线两条、密封圈。水从进水量筒通过出水管进入到透水桶内。试验渗透装置的进水量筒上有刻度，为了模拟真实下雨状态下的情况，试验渗透装置出水管下端的出水口为喷头式出水口，且在透水桶侧面距离地面 0.3mm 和 0.5mm 处，各有一条水面高度控制线，根据之前对水膜的调查研究，在坡度为 0.02～0.08 的坡面上，水膜范围在 10mm 之内，其中水膜厚度主要范围集中在 3～5mm，水面

高度控制线的存在可以满足真实的降雨条件。试验渗透装置透水桶的外面有水面高度控制出水孔，即可排除多余的水，又可以作为通气孔，使仪器内部大气压保持恒定范围。在使用时试验渗透装置透水桶底部边缘与地面接触部位用橡皮泥密封完好。

5.3.2 渗透试验

（1）试验步骤

渗透试验是测定透水混凝土渗透系数的重要试验，其试验步骤和操作方法将会对渗透系数的测定产生巨大影响，因此，通过阅读相关文献，总结出了下述试验方法。为了验证试验的准确性，后续将通过数值仿真进行验证。

渗透试验具体的试验步骤如下：

1）将试验渗透装置透水桶的边缘用橡皮泥均匀地围起来，将透水仪放置到所测量试件的中央位置；

2）将进入桶内的水注满，待液面稳定之后开始进行试验，此时的液面高度为 V_1；

3）将出水控制阀打开，调整出水控制阀使透水桶内的液面在两条水面高度控制线之内，待液面稳定不再发生变化时，记录开始时间 t_1 的同时记录开始时水面刻度 V_1；

4）在液面降低进水桶底端 0.5L 时，记录 t_2，此时的 V_2 为 0.5L；

5）计算渗水系数 C_w。

计算公式如下：

$$C_w = \frac{V_1 - V_2}{(t_2 - t_1) \times A} \tag{5.21}$$

式中：C_w——路面或试件的透水系数（cm/s）；

$\quad$ V_1——开始计时进水量筒液面高度（mL）；

$\quad$ V_2——结束计时进水量筒液面高度（mL）；

$\quad$ t_1——开始计时的时间（s）；

$\quad$ t_2——结束计时的时间（s）；

$\quad$ A——排水路面现场透水仪底面水桶的面积，单位 cm²，本装置底面为半径 8cm 的圆。

（2）渗透系数结果分析

将养护 28d 后的级配 G1 和 G2、4 组空隙率中随机取 3 块，采用变水头测试法测定侧向渗透系数，再计算出平均侧向渗透系数，试验结果如表 5.4 所示。

透水混凝土试块渗透系数测试结果 表 5.4

级配	空隙率（%）	有效空隙率（%）	仪器底面积（cm²）	时间差（s）	高度差（ml）	渗透系数（mm/s）	平均渗透系数（mm/s）
G1	15.0	11.8	50.24	189	1000	1.05	
	15.5	12.1	50.24	180	1000	1.11	1.10
	15.9	12.2	50.24	174	1000	1.14	
	18.4	14.7	50.24	110	1000	1.81	
	18.6	15.0	50.24	104	1000	1.91	1.85
	18.4	14.9	50.24	108	1000	1.83	

续表

级配	空隙率 （%）	有效空隙率 （%）	仪器底面积 （cm²）	时间差 （s）	高度差 （ml）	渗透系数 （mm/s）	平均渗透系数 （mm/s）
G1	21.2	17.6	50.24	79	1000	2.53	
	21.8	18.2	50.24	77	1000	2.63	2.57
	21.5	17.9	50.24	78	1000	2.55	
	24.9	21.9	50.24	61	1000	3.29	
	24.4	21.2	50.24	63	1000	3.18	3.23
	24.6	21.5	50.24	62	1000	3.22	
G2	15.9	11.9	50.24	156	1000	1.28	
	15.4	11.4	50.24	166	1000	1.20	1.22
	15.0	11.1	50.24	169	1000	1.18	
	18.7	14.8	50.24	100	1000	2.00	
	18.3	14.1	50.24	103	1000	1.94	1.97
	18.4	14.2	50.24	101	1000	1.97	
	21.7	17.1	50.24	74	1000	2.67	
	21.9	17.3	50.24	75	1000	2.65	2.67
	21.5	16.8	50.24	73	1000	2.69	
	24.6	20.4	50.24	59	1000	3.35	
	24.6	20.5	50.24	58	1000	3.39	3.41
	24.8	20.9	50.24	57	1000	3.49	

由表 5.4 可得，渗透系数随着空隙率的增大而增大，且相同空隙率下的两种级配（G1、G2），大粒径级配（G2）渗透系数较高。如图 5.32 所示，透水混凝土试块在 G1 级配且有效空隙率为 $11.8\%\sim 21.9\%$ 时，渗透系数与有效空隙率存在指数关系，且关系性良好，其表达式为 $y = 0.3292e^{0.1097x}$，相关性系数为 $R^2 = 0.9482$；当透水混凝土试块在 G2 级配且有效空隙率为 $11.9\%\sim 20.9\%$ 时，渗透系数与

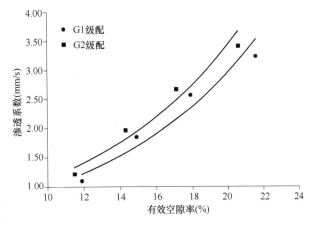

图 5.32　有效空隙率与渗透系数的关系

有效空隙率也存在指数关系，且关系性良好，其表达式为 $y = 0.3692e^{0.1114x}$，相关性系数为 $R^2 = 0.9583$。由表达式可得，随着有效空隙率增大，侧向渗透系数也在增大，所以有效空隙率对侧向渗透系数的影响较大。为了进一步验证该想法，课题组做了空隙率为 6% 的透水混凝土对照试块，结果发现其根本不透水，说明该曲线是具有可靠性的。

5.3.3 渗透特性与空隙结构的关系

（1）渗流特性软件仿真

当下对于渗流数值模拟的方法主要有有限差分法、有限单元法和格子 Boltzmann 法。

有限差分法主要就是将导数、边界条件、初始条件近似地用差商来代替，将定解问题的求解转化为一组代数方程组的求解问题，其实质就是将渗流的偏微分方程近似地用和它相对应的差分方程来代替，再进行差分方程的求解。

有限单元法也称为有限元法，其基础是利用有限个单元的集合体来代替渗流区，再选择多项式插值函数对单元内的水头分布进行近似的表示，然后建立有限元方程，最后将有限元方程集合起来形成代数方程组。该方程的解就是渗流区各离散点上的水头值。

上述两种方法存在一定的局限性，人为误差较大，尤其是有限单元法，对于其网格划分的要求很高。如果采用 Geomagic 软件构造 nurbs 曲面进行处理，其工作量太大；如果采用 ICEM 网格划分软件对 STL 模型进行修补，再进行几何拓扑和非结构网格划分，其操作过于复杂；如果采用 AVIZO 软件进行四面体网格划分，定义边界条件，因其网格质量较差，要调整三角面片的纵横比、二面角等参数，需要手动和自动操作相互使用，易产生较大的误差。针对上述情况，课题组采用了格子 Boltzmann 法在 AVIZO 软件进行渗流模拟。

格子 Boltzmann 法是一种与统计力学、计算流体力学、计算传热学等多学科交叉的数值模拟方法，其诞生至今，在多孔介质流、非牛顿流体流等多个领域对传统模拟方法进行了更新。其主要是建立一个虚拟的微观物理系统，将计算空间、时间离散成一系列格子，流体的粒子占据网格点，在离散的时间与空间上对粒子的运动进行研究，通过离散格点上流体粒子的分布函数计算出物体的速度、压力等物理量。

综上所述，格子 Boltzmann 法较有限差分法、有限单元法有着很大的优势，而本次模拟是针对透水混凝土试块在自然状态下的单相流模拟，因此，本书采用基于格子 Boltzmann 法的 AVIZO 单相渗流模拟。

在建立三维空隙模型的基础上，采用 AVIZO 软件中的 Absolute Permeability Experiment Simulation 进行渗流数值模拟，其中渗流模拟类型为稳态、层流；渗流路径为 Z 轴向下；流体类型为液态水；域类型为单相流；边界条件为入口压力和流量；流体的黏滞性为 0.001；收敛残差为 0.0001，迭代步数为 $500 \sim 10^6$；求解方程为格子 Boltzmann 方程。主要渗流模型条件如表 5.5 所示。

渗流模型条件汇总 　　　　　　　　　　　　　　　　　　表 5.5

参数名称	参数值
模拟类型	稳态、层流
渗流路径	Z 轴向下
流体类型	液态水
域类型	单相流
边界条件	入口压力和流量
流体的黏滞性	0.001
收敛残差	0.0001
迭代步数	$500 \sim 10^6$
求解方程	Boltzmann 方程

（2）渗水能力与空隙率的关系

图 5.33 和图 5.34 中，红色代表流速较快，颜色越浅代表流速越慢。图 5.33 和图 5.34 中，红色占比随着空隙率的增大而增多，这就意味着空隙率越大，流速快的空隙就越多，由表 5.6 可以得出，渗透系数随着空隙率的增加而增大；由表 5.7 可以得出，渗透系数也随着空隙率的增加而增大。因此，可以得出在同一级配中，空隙率越大，流速快的空隙越多，且渗透系数越大，呈正相关。

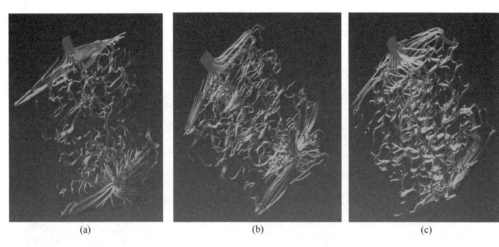

(a)　　　　　　　　(b)　　　　　　　　(c)

图 5.33　G1 级配不同空隙渗流

(a) 16％；(b) 22％；(c) 25％

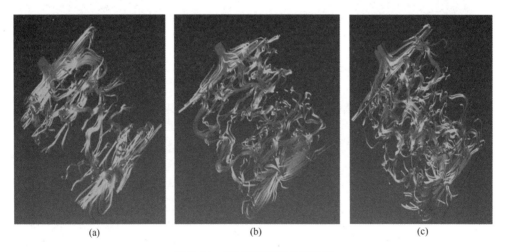

(a)　　　　　　　　(b)　　　　　　　　(c)

图 5.34　G2 级配不同空隙渗流

(a) 16％；(b) 22％；(c) 25％

G1 级配不同空隙渗透系数　　　　　　　　表 5.6

级配	空隙率（％）	渗透系数（mm/s）
G1	16	0.89
	22	2.25
	25	3.04

G2 级配不同空隙渗透系数　　　　　　　　　　　　　　表 5.7

级配	空隙率（%）	渗透系数（mm/s）
G2	16	0.97
	22	2.41
	25	3.13

（3）不同级配下的渗流模拟研究

本书对空隙率为 16%、22%、25% 的两种级配进行模拟分析，在上一步操作的基础上，继续采用 AVIZO 软件 Magnitude 算法进行量级计算，再采用 Illuminater Streamlines、Volume Rendering 指令得出如图 5.35～图 5.37 所示的流速分布图，然后使用 Kexp Spreadsheet 查看渗透系数的计算结果，渗透系数如表 5.8 所示。

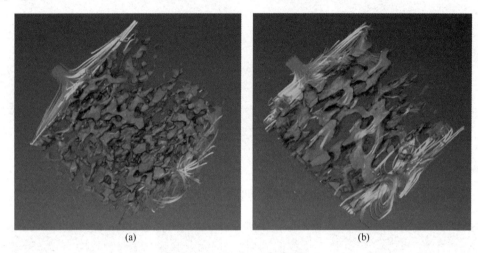

(a)　　　　　　　　　　　　　　　　(b)

图 5.35　16% 空隙率不同级配渗流

(a) G1 级配；(b) G2 级配

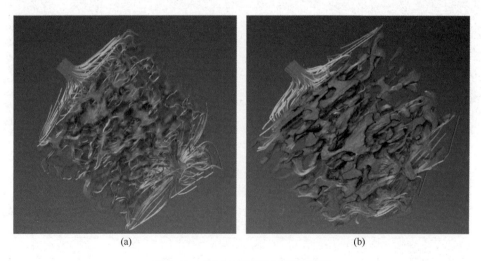

(a)　　　　　　　　　　　　　　　　(b)

图 5.36　22% 空隙率不同级配渗流

(a) G1 级配；(b) G2 级配

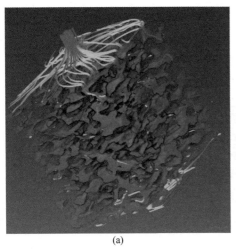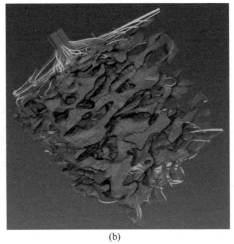

(a)
(b)

图 5.37　25%空隙率不同级配渗流
(a) G1 级配；(b) G2 级配

不同级配渗透系数　　　　　　　　　　　　　　　　　　表 5.8

空隙率（%）	级配	渗透系数（mm/s）
16	G1	0.89
	G2	0.97
22	G1	2.25
	G2	2.41
25	G1	3.04
	G2	3.13

　　图 5.35～图 5.37 中，红色代表流速较快，颜色越浅代表流速越慢。图 5.35～图 5.37 中，G2（大粒径）级配红色占比要比 G1（小粒径）占比多，这就意味着 G2（大粒径）级配中流速快的空隙比 G1（小粒径）多；由表 5.8 可以得出，G2（大粒径）级配的渗透系数要比 G1（小粒径）大。因此，可以得出结论，在同一空隙中，大粒径级配中流速快的空隙越多，渗透系数越大，呈正相关。

5.4　本章小结

　　对二维空隙分别从空隙大小和形态特征两个方面来描述截面图像中空隙分布特征，引入了空隙面积、平面空隙率、等效直径、等效椭圆以及圆度等基本概念用来表征空隙特征，最后结合 Image Pro Plus 软件对上述基本特性进行提取、统计。最后对统计结果进行分析，得到以下结论：

　　(1) G1 级配和 G2 级配透水混凝土立方体试件的平面空隙率随着空隙率的增大而增大，且两者之间具有较高的线性相关性，其中 G1 级配相关性表达为 $y = 1.2967x - 0.1459$，相关性系数 $R^2 = 0.944$；G2 级配相关性表达式为 $y = 1.4153x - 0.1858$，相关性系数 $R^2 = 0.99$。两种级配试件的空隙率与平面空隙率之间都具有较高的相关性，因此空隙率与平面空隙率可以通过公式相互等效。

（2）通过 Minitab 软件生成的空隙等效直径直方图可知，骨料粒径的大小是影响平面等效直径的主要因素，骨料粒径越大则平面等效直径就越大。在相同的粒径条件下，空隙率变化时截面内空隙的平均等效直径基本为一定值，由此可见空隙率对平面内平均等效直径影响较弱。

（3）截面中平面空隙的等效直径由小到大分布跨度大，微小空隙虽然数量占比大但其自身空隙小，因此微小空隙所占截面百分比较小；超大空隙数量很少但其空隙较大，因此超大空隙能够占截面的一部分，但绝大部分空隙分布在微小空隙和超大空隙之间。

（4）通过 Minitab 软件生成的空隙圆度直方图可知，当空隙率和级配变化时，80％以上的空隙圆度取值范围在 1～3 内，空隙的平均圆度均保持在 2 左右且变化幅度很小。因此试件截面内的空隙形状可以近似地拟合成圆形或细长的椭圆形。

对于三维空隙，首先利用 AVIZO 软件进行三维重构，对其进行信息的提取，得到以下结论：

（1）G1、G2 级配的三维孔径分布较为广泛，且大都处在 0～10mm 之间。其中 G1 级配 1～6mm 的孔径占孔径的总量最大，达到 60％以上；其次是 0～1mm 的孔径，达到 30％左右；6mm 以上的孔径占比较小。G2 级配 1～9mm 的孔径占孔径的总量最大，达到 80％以上；其次是 0～1mm 的孔径，达到 15％左右；9mm 以上的孔径占比较小且随着空隙率的增加，大孔径的占比逐渐增加而小孔径的占比逐渐减小。

（2）三维有效空隙率与三维空隙率的比值随着空隙的增加，从 75％增加到 90％，这就说明，空隙率的增大会导致孔径增大，孔之间的相互连通性也会增大，所以，透水混凝土的连通空隙要比实际空隙小 4％左右。

（3）在同一级配中，空隙率越大，流速快的空隙越多，且渗透系数越大，呈正相关；同一空隙中，大粒径级配中流速快的空隙越多，渗透系数越大，呈正相关。

第6章 透水混凝土性能研究

6.1 透水混凝土表面抗松散性能

国内外学者对影响透水混凝土抗松散因素进行了大量试验研究及数值模拟研究，透水混凝土中的骨料骨架与胶凝材料共同作用形成强度，因而骨料骨架特征与胶凝材料粘结性能将直接影响到透水混凝土的抗松散性能。水、水泥及掺加料组成的胶凝材料用量决定了水泥浆的包裹厚度和粘结特性，直接影响到透水混凝土的抗松散性能。当透水混凝土需要较大的渗透性能时，则需要的空隙率较大，此时水泥浆用量减少，因而对骨料的包裹厚度变薄，表面抗松散性能可能较差。因此透水混凝土设计时既要考虑渗透性能，还需考虑耐久性能，否则透水混凝土使用过程中将面临早期损坏现象，无法长期使用。为研究透水混凝土的抗表面松散强度，本节设计了一种表面拉拔试验方法，为评价透水混凝土试件的抗表面松散性能提供依据。

6.1.1 表面拉拔装置设计

选取普通钢材制作厚 3cm，直径为 4cm、5cm、6cm 的圆形拉拔头。在拉拔头表面圆心处焊接长 6cm 的钢筋，保证钢筋与圆形拉拔头垂直连接。为了防止拉拔试验过程中试件受力不均，造成偏心受拉影响到试验结果，拉拔头垂直钢筋连接两个圆环，具体拉拔头构造如图 6.1 所示。

表面拉拔试验时，须固定立方体透水混凝土块。固定基座为一个由两块钢板和 4 根螺栓组成的立方体框体，两块钢板分为带圆形开孔的上钢板和下钢板。将固定基座底部中心焊上光圆钢筋，为了保证试件在模具中保持水平，使螺栓与带圆形开孔的上钢板和下钢板垂直，固定基座底部中心的光圆钢筋与其垂直，如图 6.2 所示。

图 6.1 表面拉拔头

图 6.2 立方体试块固定装置

6.1.2　试块制作方案

（1）试验方案

拉拔试验的目的在于测试透水混凝土的表面拉拔强度，以反映其抵抗松散破坏的能力。试验时需首先成型透水混凝土立方体试块，考虑到松散剥落病害易发生于水泥浆用量少、空隙率大的情况，因而，根据透水混凝土的已有研究成果，采用空隙率较大的试件作为表面拉拔试验的研究对象。本试验中对设计空隙率范围 29％～33％ 的试件开展研究，具体设计方案列于表 6.1 中。其中 W 代表纯水泥浆；WR 代表添加一定比例的减水剂；Si 代表添加一定比例的硅灰；NS 代表添加一定比例的纳米硅。

试验方案　　　　　　　　　　　　　　　　　　　　　　　表 6.1

设计空隙率（％）	编号
33	W-0.31
33	WR-0.31-0.4
33	Si-0.31-0.4-2
33	NS-0.31-0.4-0.2
31	W-0.31
31	WR-0.31-0.4
31	Si-0.31-0.4-2
31	NS-0.31-0.4-0.2
29	W-0.31
29	WR-0.31-0.4
29	Si-0.31-0.4-2
29	NS-0.31-0.4-0.2

（2）原材料要求

1）水泥

选取青岛山水集团生产的普通硅酸盐水泥，水泥强度等级为 P·O42.5。

2）减水剂

本试验采用羧酸高效减水剂，如图 6.3 所示为白色粉末状高效减水剂。减水剂可用于水泥基材料体系，且能明显提高材料的流动性，赋予材料较好的施工性和力学强度，减水剂分子能够吸附在水泥颗粒表面，增强水泥颗粒的分散性，减少了成核基体的数目，增加了颗粒间的距离，从而改善新拌混凝土的流变性能。

3）硅灰

硅灰是生产金属硅和硅合金过程中电弧炉的副产品，硅灰颗粒极细，其比表面积也非常高，能够改善体系的级配和填充固体颗粒间的空隙，增加胶凝体系的堆积密度，且能够吸附减水剂分子形成双电层结构，从而改善混凝土材料的各项性能。

通过在透水混凝土试件中掺入硅灰，

图 6.3　聚羧酸高效减水剂

发现掺入硅灰对透水混凝土起到很好的增强作用，但硅灰的掺量并非越大越好，因为掺入硅灰后使得透水混凝土的拌合物变得更加黏稠，导致搅拌难度加大，使得透水混凝土的成型受到影响，进而影响到透水混凝土的成型空隙率和整体强度。本试验采用的硅灰如图 6.4 所示。

4）纳米硅

本试验所采用的纳米硅为亲水型二氧化硅，如图 6.5 所示。纳米材料目前已成为改善混凝土性能的研究热点，大量研究表明，纳米硅是较为理想的纳米掺合料，但纳米材料的市场价格还是要远高于普通矿物掺合料，所以纳米硅的掺加量要在适当范围内才能达到增强强度的效果。

图 6.4　硅灰　　　　　　　　　　　图 6.5　纳米硅

骨料是形成透水混凝土内部骨架结构重要的组成材料，本试验按照《透水混凝土路面技术规程》DB11/T 775—2010 和《建筑用卵石、碎石》GB/T 14685—2011 中的相关要求，最终选用玄武岩作为粗集料，按照《公路工程集料试验规程》JTG E 42—2005 通过方筛将粗集料进行筛分，分成 D_1：2.36～4.75mm，D_2：4.75～9.5mm 两种粒径。骨料经过筛分、水洗、烘干被采用，保证粒径在 2.36～4.75mm 及 4.75～9.5mm 的质量比例为 3∶7。

（3）拉拔试验表面处理要求

透水混凝土是一个多空隙的结构，当拉拔试验表面处理时，为了防止环氧树脂结构胶随空隙渗入试件内部，致使试验测得试件内部粘结强度，所以应进行表面处理，准备细砂与腻子，首先将细砂均匀铺在试件表面，直至细砂不再沉降，然后将腻子均匀涂抹在试件表面等待 8h，待腻子干燥以后，将腻子打磨至露出骨料，并保持试件表面水平。处理完毕之后，用环氧树脂结构胶将拉拔头和经过处理后的试件表面连接起来，等待 24h，如图 6.6 所示。表面处

图 6.6　表面处理

图 6.7 抗脱落试验

理完毕之后，将其放入模具中，将试验装置与万能试验机的夹具连接起来，应保持水平，防止偏心，如图 6.7 所示。

6.1.3 表面拉拔试验结果分析

（1）试件破坏形态分析

本次试验抗脱落破坏形态主要为表面骨料拉断破坏，如图 6.8 与图 6.9 所示。

（2）水泥浆包裹厚度

由于透水混凝土中骨料形状不规则并且粒径大小不一，所以准确地计算出骨料的比表面积较难，根据国内外学者的相关研究结果，利用下面方法可以较为准确地计算出粗骨料表面包裹的水泥浆厚度。

图 6.8 表面破坏界面

图 6.9 破坏形态

骨料的比表面积计算公式如下：

$$S(d) = \frac{1}{2}\left(\frac{6}{\rho_s \times G_1} + \frac{6}{\rho_s \times G_2}\right) \tag{6.1}$$

式中：ρ_s——骨料表观密度；

G_1——级配范围内最小粒径；

G_2——级配范围内最大粒径。

骨料表面水泥浆包裹厚度计算公式如下：

$$CPT = \frac{m_1}{\rho \times S(d) \times m_2} \tag{6.2}$$

式中：m_1——附着水泥浆的质量；

m_2——干燥骨料的质量；

ρ——水泥浆的密度。

（3）表面拉拔试验结果

表面拉拔试验结果列于表 6.2 中。下面将分析不同因素对试验结果的影响。

不同尺寸拉拔头与表面抗脱落强度性能汇总　　　　　　　表 6.2

设计空隙率（%）	编号	水泥浆包裹厚度（mm）	破坏荷载（MPa）		
			大拉拔头	中拉拔头	小拉拔头
29	W-0.31	0.18	0.874	1.097	1.313
29	WR-0.31-0.4	0.18	0.985	1.313	1.487
29	Si-0.31-0.4-2	0.18	1.418	1.971	2.310
29	NS-0.31-0.4-0.2	0.18	1.229	1.527	1.886
31	W-0.31	0.15	0.845	1.060	1.250
31	WR-0.31-0.4	0.15	0.945	1.262	1.310
31	Si-0.31-0.4-2	0.15	1.411	1.926	2.222
31	NS-0.31-0.4-0.2	0.15	1.073	1.466	1.704
33	W-0.31	0.12	0.822	1.044	1.153
33	WR-0.31-0.4	0.12	0.898	1.201	1.256
33	Si-0.31-0.4-2	0.12	1.376	1.870	2.131
33	NS-0.31-0.4-0.2	0.12	1.028	1.403	1.592

1）拉拔头尺寸的影响

图 6.10 中分别绘出了空隙率 29% 和 33% 两种情况下拉拔头直径对透水混凝土表面拉拔强度的影响，从中可以看出，两种空隙率下拉拔头尺寸变化对透水混凝土表面拉拔强度的影响规律相似。随着拉拔头尺寸的增加，测试得到的透水混凝土表面拉拔强度越大，以空隙率 29% 为例，拉拔头直径由 4cm 增加到 6cm 时，纯水泥浆、掺减水剂水泥浆及掺硅灰水泥浆的透水混凝土表面拉拔强度分别降低了 33.5%、33.8% 和 38.6%。考虑到透水混凝土表面颗粒分布的随机性，表面骨料间的空隙大小及形状都具有不均匀的特点，因此拉拔头尺寸的适当增大对减少透水混凝土表面不均匀带来的测试误差具有一定的作用。通过本试验的结果分析，建议拉拔头直径不小于 4 倍的骨料最大粒径，初步确定以最大颗粒 4.75～9.5mm 为主的级配进行表面拉拔强度测试时，拉拔头直径取 6cm。

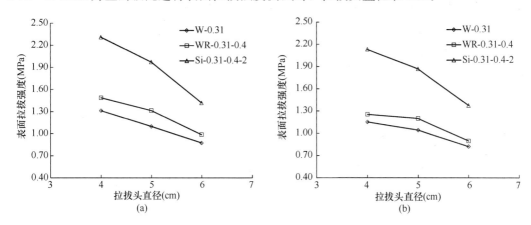

图 6.10　拉拔头尺寸对表面拉拔强度的影响
(a) 空隙率 29%；(b) 空隙率 33%

2）空隙率的影响

图 6.11 分别绘制了透水混凝土表面拉拔强度随着试件空隙率的变化规律，其中图 6.11（a）为纯水泥浆情况，图 6.11（b）为同时掺加减水剂和硅灰的情况。从中可以看

出，表面拉拔强度随着空隙率的增加而降低，拉拔头尺寸较小时降低的幅度较大，拉拔头尺寸较大时降低的幅度较小。根据前文"1）拉拔头尺寸的影响"分析，应采用较大的拉拔头降低透水混凝土表面粗糙不均匀的影响，因而采用较大尺寸的拉拔头试验结果进行分析。以6cm直径拉拔头为例，纯水泥浆W-0.31情况下，空隙率由29％增加至33％时表面拉拔强度降低6.0％，Si-0.31-0.4-2情况下表面拉拔强度降低了3.0％。由此看来，当空隙率处于较高水平时表面拉拔强度受空隙率变化（包裹厚度）的影响不大。对于纯水泥净浆、掺减水剂、掺减水剂＋硅灰情况下，建议拉拔强度最小值不低于0.8MPa、0.9MPa和1.35MPa。

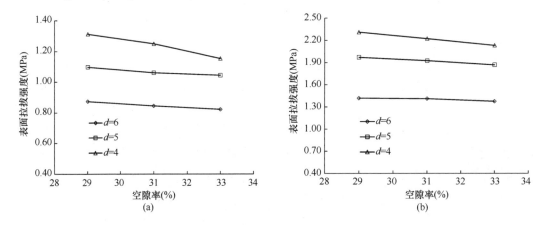

图6.11　空隙率对表面拉拔强度的影响
(a) W-0.31；(b) Si-0.31-0.4-2

6.2　透水混凝土力学性能

透水混凝土是一种以水泥浆体作为胶凝材料，骨料之间粘结成型、相互嵌挤最终形成内部具有大量空隙的混凝土结构物，透水混凝土的原材料、设计空隙率对透水混凝土的物理力学性能起重要的影响。本节将对不同骨料级配、设计空隙率以及水灰比的透水混凝土试件进行抗压强度试验，探讨空隙率以及骨料粒径大小与试件力学性能之间的关系。

6.2.1　透水混凝土抗压强度性能

（1）试验原材料及配合比设计

1）试验原材料的选择

试验原材料的选择参照本书第2章2.2.2（1）。

2）配合比设计步骤

参照本书第2章2.2.2（2）设计方法，得到配合设计方案见表6.3。

（2）透水混凝土的制备工艺及养护

1）透水混凝土的制备

透水混凝土的制备流程主要分为以下几个步骤：原材料的准备工作、物料添加、搅拌、成型。

配合比设计方案　　表 6.3

级配	组号	紧密堆积空隙率（%）	水泥用量（kg/m³）	水灰比	水用量（kg/m³）	计算（设计）空隙率（%）
级配 1	1		270	0.30	81	23.09
	2	38.68	310	0.30	93	20.60
	3		350	0.30	105	18.11
级配 2	4		270	0.30	81	23.70
	5		310	0.30	93	21.21
	6	39.30	350	0.27	94.5	19.77
	7		350	0.30	105	18.72
	8		350	0.33	115.5	17.67
级配 3	9		270	0.30	81	24.84
	10	40.46	310	0.30	93	22.35
	11		350	0.30	105	19.86

① 物料添加顺序

物料添加的方法分为一次投料法和水泥裹石法。一次投料法：将粗骨料、水泥投入搅拌机内搅拌均匀，然后一次性倒入全部的水继续搅拌，此投料方式容易影响拌合料的均匀性且拌合料相对较干。水泥裹石法：将所需要的粗骨料加入搅拌机搅拌，在搅拌的过程中洒入少量的水将粗骨料均匀湿润，然后加入一半的水泥，同时加入部分水使得混合料湿润，最后加入剩余的水泥和水，搅拌均匀后卸料。此种投料法可以最大限度地保证水泥均匀的包裹骨料，拌合料的和易性也较好，因此本次试验采用水泥裹石法。制备工艺如图 6.12 所示，图 6.13 为骨料搅拌及出料图。

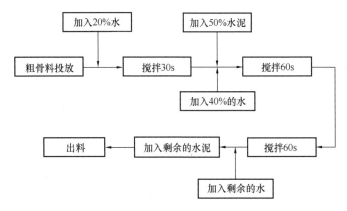

图 6.12　透水混凝土制备工艺

② 试件成型

立方体试块采用马歇尔自动击实仪进行透水混凝土成型，击实步骤如下：首先，将击实次数设为 90 次，并将秤好的松散拌合料均匀放入模具内；然后，将击实钢板平放在拌合料之上；最后，按照设定的次数进行自动击实成型，反复击实 90 次，使模具内的拌合料达到密实状态。击实装置和击实方法如本书第 2 章 2.2.3 所述。

长方体试块采用重锤击实成型法，课题组自制了一套制备透水混凝土的试件击实设备，击实步骤如下：首先，将秤好的松散拌合料均匀放入模具内；然后，将击实钢板平放在拌合料之上；最后，将击实杆放置在击实钢板上，提起重锤至一定高度，利用重锤的自

(a)   (b)

图 6.13　骨料搅拌及出料
（a）骨料搅拌；（b）拌合料出料

重自由落体，反复锤击 40 次，使模具内的拌合料达到密实状态。

2）透水混凝土试件的养护

温度与水分对透水混凝土的力学性能有很大的影响，因此，本书采用标准养护箱对试块进行养护。将成型 1d 后脱模好的试块置于标准温度（20±2）℃、相对湿度 95％的养护箱内进行养护，养护至 7d、28d 分别用于后续相关试验。

（3）抗压强度试验过程与结果分析

1）抗压强度试验方法

抗压强度的测定参照《混凝土物理力学性能试验方法标准》GB/T 50081—2019，用于抗压强度测定的试件尺寸是边长为 100mm 的立方体试件，养护龄期为 28d。取 3 个表面完整的试件，最后测定结果取 3 个试件强度的平均值，抗压强度按式（6.3）计算，计算机上收集到的最大破坏荷载值乘以系数 0.95 换算成混凝土标准的立方体抗压强度值，结果精确到 0.001MPa。所得结果用于分析骨料级配、水泥用量以及水灰比对抗压强度的影响。

$$f_c = \frac{P}{A} \tag{6.3}$$

式中：f_c——试件的抗压强度（MPa）；

　　　P——试件破坏荷载（N）；

　　　A——试件的受压面积（100mm×100mm）。

本次试验所使用的力学万能试验机与现场加载方法如图 6.14 所示。

2）试验结果与分析

透水混凝土作为路面材料应用时，既要有高效的排水能力，也要有足够的抗压强度，但由于内部存在大量空隙，使得透水混凝土的抗压强度削弱，处理好内部空隙数量与抗压强度之间的平衡，是一个亟待深入研究的问题。多孔水泥混凝土受力时通过骨料之间的胶结点传递力的作用，由于骨料本身的强度较高，水泥凝胶体与粗骨料界面之间的胶结面积较小，其破坏特征是骨料颗粒之间的连接点处发生破坏。因此，在保证一定空隙率的前提

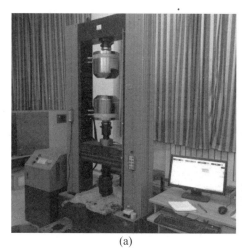

(a)　　　　　　　　　　　　　　　　(b)

图 6.14　万能试验机与现场加载方法
（a）SANS 万能试验机；（b）加载现场图

下，提高胶结层的强度是提高多孔水泥混凝土强度的关键。

由此可以引出一个问题，采用紧密堆积空隙率较小的骨料级配加入少量的水泥与采用紧密堆积孔隙率较大的骨料级配加入较多的水泥会产生近似的内部空隙量，但透水混凝土的抗压强度是否会相近？这就要求我们从骨料级配、水泥用量和水灰比等方面对抗压强度进行分析。

① 骨料级配对抗压强度的影响

骨料粒径的大小决定着单位体积内骨料颗粒的多少，粒径小则骨料之间接触点多，透水混凝土就是通过这些互相搭接的接触点传递力的作用。通过调整骨料的级配，增加细骨料比例可以提高透水混凝土的强度性能[67]。试验选取相同水泥用量及水灰比情况下三种不同骨料级配对抗压强度影响进行分析，选用表 6.3 配合比方案中的 1 组、4 组与 9 组，2 组、5 组与 10 组，3 组、7 组与 11 组分别制备透水混凝土，分别测出 7d 抗压强度，测试结果如图 6.15 所示。

在水泥用量及水灰比一定的情况下，随着紧密堆积空隙率的增大，抗压强度呈下降趋势。紧密堆积空隙率的变化表现为内部空隙的变化，内部空隙越多势必会削减透水混凝土的抗压强度。在细骨料比例较高时，紧密堆积空隙率则下降，而抗压强度则得到了提升，说明细骨料对透水混凝土的抗压强度有提升作用。在骨料级配分析的过程中，因为要保证连通空隙率及抗压强度满足要求，使得各种级配骨料测出的紧密堆积空隙率在 38%～42%，想要大幅度提升透水混凝土的抗压强度不能仅从骨料级配方面入手。

② 水泥用量对抗压强度的影响

试验选取相同紧密堆积空隙率及水灰比情况下三种不同水泥用量对抗压强度影响进行分析，选用表 6.3 配合比方案中的 1 组、2 组与 3 组，4 组、5 组与 7 组，9 组、10 组与 11 组，分别测出 7d 抗压强度，相关数据如图 6.16 所示。

从试验结果中可以看出，在相同级配的骨料与水灰比前提下，抗压强度随水泥用量的增加呈近似线性增长。比较拟合方程斜率 k 值可得，k 值基本相近，增加水泥用量对透水

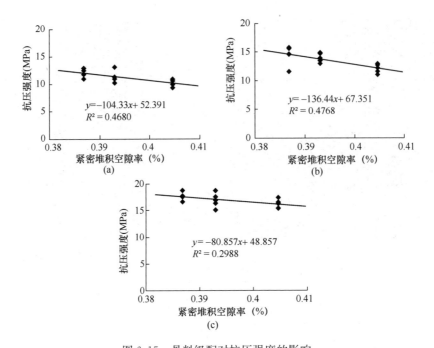

图 6.15　骨料级配对抗压强度的影响

(a) 270kg/m³ 水泥，水灰比 0.3；(b) 310kg/m³ 水泥，水灰比 0.3；

(c) 350kg/m³ 水泥，水灰比 0.3

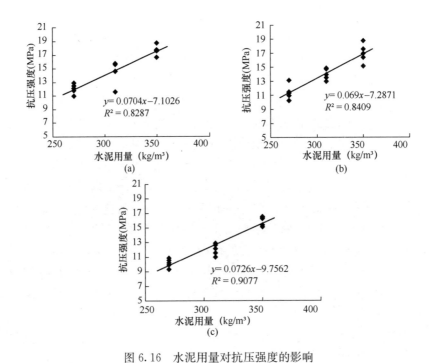

图 6.16　水泥用量对抗压强度的影响

(a) 紧密堆积空隙率 0.3868，水灰比 0.3；(b) 紧密堆积空隙率 0.3930，水灰比 0.3；

(c) 紧密堆积空隙率 0.4046，水灰比 0.3

混凝土抗压强度的提升速度相对稳定，在一定水泥用量范围内，约每多加入 14kg 水泥，抗压强度就会对应增加 1MPa；比较拟合方程截距 b 值可知，b 值随骨料的紧密堆积空隙率的增加而减小，这种规律反映出在相同水灰比及水泥用量下，紧密堆积空隙率小的骨料级配比紧密堆积空隙率大的骨料级配制备出的透水混凝土抗压强度高，与增加细骨料比例可以提升透水混凝土抗压强度的结论相吻合。

③ 水灰比对抗压强度的影响

水灰比是影响透水混凝土抗压强度的重要因素之一，它的大小影响了水泥浆体的流动性及水化充分程度。当水灰比较小时，水泥浆体干涩，流动性较差，不利于水泥浆体更好地包裹骨料颗粒，水泥浆体不能充分地填充到骨料颗粒间的间隙中，并且影响了少部分水泥的水化充分程度，对透水混凝土的抗压强度削弱较大；当水灰比较高时，水泥浆体水化程度高，流动性较大，击实成型过程中，由于水泥浆体的润滑作用，成型的透水混凝土会更加密实，提高了透水混凝土的抗压强度，但是会减小内部的连通空隙。试验选取表 6.3 配合比方案中的 6 组、7 组和 8 组成型试件测出 7d 抗压强度，相关数据如图 6.17 所示。

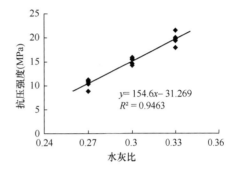

图 6.17　水灰比对透水混凝土抗压
强度的影响

由图 6.17 可见，同一级配骨料、相同水泥用量下，水灰比在一定范围内增加会提升透水混凝土的抗压强度。在水灰比为 0.27 时，抗压强度较低，且仅为 10MPa 左右，此时的水泥浆体由于用水量过少，形成的水泥浆体黏稠流动性低，搅拌工艺不能让水泥浆体充分包裹在颗粒表面，部分颗粒间没有水泥浆体形成的接触点，是造成透水混凝土抗压强度低的重要原因；在水灰比增大后，水泥浆体的和易性得到改善，水泥浆体在搅拌工艺作用下与骨料拌和充分，水泥浆体均匀地包裹在骨料表面，提高了抗压强度。

在实际试验过程中，发现当水灰比达到 0.33 时，放在托盘内的拌和料有水渍产生并且拌和料表面能看到有水反光，这种现象对于透水混凝土来讲表示水灰比过大，过大的水灰比对空隙的形成及抗压强度的提升都有不利影响。

综上所述，在水泥用量及水灰比一定的情况下，随着紧密堆积空隙率的增大，抗压强度呈下降趋势；相同级配的骨料与水灰比前提下，抗压强度随水泥用量的增加呈近似线性增长；同一级配骨料、相同水泥用量下，水灰比在一定范围内增加会提升透水混凝土的抗压强度。

6.2.2　透水混凝土抗折强度性能

(1) 试验原材料及配合比设计

1) 试验原材料的选择

试验原材料的选择参照本书第 2 章 2.2.2 (1)。

2) 配合比设计步骤

参照本书第 2 章 2.2.2 (2) 设计方法，得到配合设计方案见表 6.4。

		配合比设计方案			表 6.4
试件编号	骨料用量 （kg/m³）	水泥用量 （kg/m³）	水用量 （kg/m³）	水灰比	设计空隙率 （%）
1		351.43	105.43	0.30	18
2	1643	271.23	81.37	0.30	23
3		191.03	57.31	0.30	28

（2）透水混凝土的制备工艺及养护

同 6.2.1 中透水混凝土的制备工艺及养护的设计方法。

（3）抗折强度试验过程与结果分析

1）抗折强度试验方法

本试验参考《公路工程水泥及水泥混凝土试验规程》JTG 3420—2020 设计本次试验方案，试验步骤如下：取相同条件下制备成型的形状完整的 3 个 28d 龄期的透水混凝土试件为一组，试验加载设备为 MTS 公司生产的 SANS 电子万能试验机，试验时采取加载速率为 0.2mm/min 的位移控制，试验装置及示意图见图 6.18，试件破坏后，将所得的试件抗折强度乘以尺寸的换算系数 0.85，结果精确到 0.01MPa。

抗折强度公式：

$$F_f = \frac{3PL}{2BH^2} \tag{6.4}$$

式中：F_f——透水混凝土抗折强度（MPa）；

　　　P——破坏时的荷载值（N）；

　　　L——试件支座间距离（mm）；

　　　B——试件截面宽度（mm）；

　　　H——试件截面高度（mm）。

 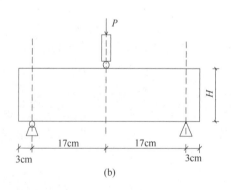

(a) (b)

图 6.18 试验装置及示意图

（a）加载装置；（b）三点弯曲示意图

2）试验结果与分析

将各组试件养护 28d 后，分别测定透水混凝土试块的抗折强度，每组取 3 块，并取平均值。各组试块抗折强度见表 6.5。

各组试件 28d 抗折强度　　表 6.5

试件编号	序号	设计空隙率（%）	28d 抗折强度（MPa）	28d 平均抗折强度（MPa）
1	1	18	3.4844	3.494
	2		3.4466	
	3		3.5519	
2	1	23	2.8813	2.852
	2		2.7954	
	3		2.8791	
3	1	28	1.5701	1.642
	2		1.6772	
	3		1.6803	

分析表 6.5 可知，设计空隙率对透水水泥抗折强度影响很大，并且随着设计空隙率的增大有了大幅度的降低。在设计空隙率为 18% 时，28d 平均抗折强度达到 3.494MPa，透水混凝土内部空隙对混凝土的抗折强度有很大的影响；随着设计空隙率增大时，28d 平均抗折强度最大下降幅度可达到 53.01%，抗折强度已经不能够满足最低需求。

6.3　纤维对透水混凝土性能影响

6.3.1　纤维对透水混凝土力学性能影响

1. 试验原材料及试件制备

（1）试验原材料

1）水泥、粗骨料、水参照本书第 2 章 2.2.2（1）。

2）粗/细聚丙烯纤维

粗/细聚丙烯纤维在外形、直径上有着本质的区别。细聚丙烯纤维由于自身具有较好的断裂强度和弹性模量，能够在透水混凝土中起到较好的增强效果，无论在抗裂性能还是韧性方面都有较好的提升效果；粗聚丙烯纤维又称仿钢纤维，其表面特有的双面斜纹能够在混凝土中起到很好的粘结效果。因此，目前被广泛用于透水混凝土的领域中。

本书对粗/细聚丙烯纤维都采用了成都金宇盛世建材有限公司生产的合成纤维，具体的物理参数和详图分别如表 6.6、表 6.7 和图 6.19 所示。

细聚丙烯纤维性能　　表 6.6

项目	检测结果
颜色	白色
密度（g/cm³）	0.90
单丝直径（μm）	44.10
平均长度（mm）	6、9、12
抗拉强度（MPa）	606
弹性模量（GPa）	5.7
断裂伸长率（%）	35

粗聚丙烯纤维性能 表6.7

项目	检测结果
颜色	白色
密度（g/cm^3）	0.91
单丝直径（μm）	870
平均长度（mm）	25、30、35
抗拉强度（MPa）	525
弹性模量（GPa）	7
断裂伸长率（%）	21

(a) (b)

图 6.19 三种不同长度的细/粗聚丙烯纤维
(a) 细聚丙烯纤维；(b) 粗聚丙烯纤维

（2）纤维透水混凝土配合比设计步骤

对于纤维透水混凝土配合比的设计，需要考虑设计空隙率和纤维的体积，本书选用体积法进行配合比设计，方法如下：

1）单位体积下的透水混凝土骨料用量计算如下：

$$W_G = \alpha \times \rho_s \tag{6.5}$$

式中：W_G——透水混凝土中骨料的用量（kg/m^3）；

α——骨料用量修正系数，取 0.98；

ρ_s——骨料表观密度（kg/m^3）。

2）所用水泥浆浆体体积计算如下：

$$V_p = 1 - \alpha \times (1 - V_c) - P - V_x \tag{6.6}$$

式中：V_p——每立方米透水混凝土中胶结料浆体体积（%）；

V_c——骨料紧密堆积空隙率（%）；

P——设计空隙率（%）；

V_x——纤维体积用量（%）。

3）单位体积下透水混凝土的水泥用量的推算：

$$V_p = \frac{W_c}{\rho_c} + \frac{W_w}{\rho_w}, \; W_w = R \times W_c$$

将上两式合并处理，得：

$$V_p = \frac{W_c}{\rho_c} + \frac{RW_c}{\rho_w} \tag{6.7}$$

对式（6.7）进行处理转化得：

$$由\ V_p = W_c\left(\frac{1}{\rho_c} + \frac{R}{\rho_w}\right)得\ W_c = \frac{V_p}{\frac{1}{\rho_c} + \frac{R}{\rho_w}} \tag{6.8}$$

式中：W_c——单位体积透水混凝土水泥用量（kg/m³）；

　　　W_w——单位体积透水混凝土水用量（kg/m³）；

　　　V_p——每立方米透水混凝土中水泥浆浆体体积（%）；

　　　R——水灰比；

　　　ρ_w——自来水密度；

　　　ρ_c——水泥密度（kg/m³），取 3100kg/m³。

4）单位体积下透水混凝土用水量计算：

$$W_w = W_c \times R \tag{6.9}$$

式中：W_w——单位体积透水混凝土用水量（kg/m³）；

　　　W_c——单位体积透水混凝土水泥用量（kg/m³）；

　　　R——水灰比。

查阅相关文献发现，为避免拌和时水泥浆离析，水灰比通常控制在 0.25～0.4 之间[68,69]。设计空隙率范围一般在 15%～25% 之间选取，可以尽可能地保证其排水功能[70,71]。

另外，粗聚丙烯纤维掺量的取值范围一般为 3.5～5.0kg/m³、细聚丙烯纤维掺量取为 1.5kg/m³，对透水混凝土抗压、抗折强度有着较好的提升效果[72,73]。

因此，本书的水灰比选用 0.3，设计空隙率选用 18%、23%、28%，粗/细聚丙烯纤维的掺量分别选用 4.5kg/m³、1.5kg/m³。粗/细纤维各自选取三种不同的长度，并且根据配合比设计步骤得出单位体积下的骨料、水泥、水和纤维用量汇总表，见表 6.8。

配合比设计单掺各组材料用量　　　　　　　　　　　　　　　　　表 6.8

试件编号	骨料用量 (kg/m³)	水泥用量 (kg/m³)	水 (kg/m³)	水灰比	纤维掺量 (kg/m³)	设计空隙率 (%)	长度 (mm)
N-1		351.43	105.43	0.30		18	
N-2	1643	271.23	81.37	0.30	0	23	0
N-3		191.03	57.31	0.30		28	
F-1							6
F-2	1643	348.87	104.66	0.30	1.5	18	9
F-3							12
F-4							6
F-5	1643	268.67	80.60	0.30	1.5	23	9
F-6							12
F-7							6
F-8	1643	188.47	56.54	0.30	1.5	28	9
F-9							12

试件编号	骨料用量 （kg/m³）	水泥用量 （kg/m³）	水 （kg/m³）	水灰比	纤维掺量 （kg/m³）	设计空隙率 （%）	长度 （mm）
C-1							25
C-2	1643	343.41	103.03	0.30	4.5	18	30
C-3							35
C-4							25
C-5	1643	263.22	78.97	0.30	4.5	23	30
C-6							35
C-7							25
C-8	1643	183.02	54.91	0.30	4.5	28	30
C-9							35

注：N—普通混凝土；F—单掺细纤维混凝土；C—单掺粗纤维混凝土。

（3）纤维透水混凝土试块制备

对聚丙烯纤维透水混凝土的制备主要有以下几个流程：

1）纤维透水混凝土的投料及搅拌工艺

纤维透水混凝土与普通混凝土的投料方法有明显的差异，纤维投入时间不恰当很容易造成团聚，影响最终的试验性能。目前常用的投料方法主要有一次投料法和分步投料法，本书采用了分步投料法。具体操作步骤为：先将粗骨料倒入强制搅拌机内，启动开关混合搅拌 30s，然后加入称量好的 30% 的自来水，并在强制搅拌机内搅拌 30s，再将 50% 的水泥加入强制搅拌机内搅拌 60s，紧接着投入剩下的水泥，并在强制搅拌机搅拌的过程中将剩余的自来水加入拌合料中搅拌 30s，然后分散均匀地将纤维投入拌合料中进行搅拌，最后搅拌 90s 出料。强制搅拌机及粗/细纤维透水混凝土拌合料出料如图 6.20 所示，搅拌流程如图 6.21 所示。

2）纤维透水混凝土成型

纤维透水混凝土的成型方法同本书第 6 章 6.2.1（2）中设计方法。

3）纤维透水混凝土成型养护

养护方法同本书第 6 章 6.2.1（2）中设计方法。

2. 纤维对透水混凝土抗压强度影响

纤维透水混凝土的抗压强度研究主要由以下几部分组成：

（1）抗压强度试验设备与过程

本次研究的纤维透水混凝土抗压强度试验方法同本书第 6 章 6.2.1（3）所述，结果精确到 0.001MPa。

图 6.22 为纤维透水混凝土在万能试验机上加载至峰值时试块破坏的情况，图 6.22（a）细纤维透水混凝土试块外表面较完整，表面未出现颗粒的剥落；图 6.22（b）粗纤维透水混凝土试块外表面已经出现较少颗粒剥落，但表面裂纹较少，两者相较于普通混凝土更能保证外观的整体性。

（2）抗压强度试验数据

通过三轴抗压试验得到纤维透水混凝土各组试件的抗压强度值，详细数据见表 6.9。

图 6.20　强制搅拌机及粗/细纤维透水混凝土拌合料

（a）强制搅拌机；（b）现场搅拌；（c）细纤维拌合料；（d）粗纤维拌合料

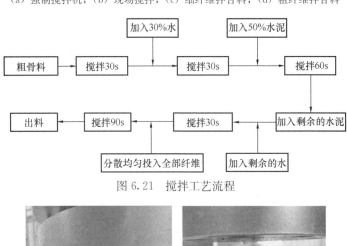

图 6.21　搅拌工艺流程

图 6.22　细/粗纤维试块加载破坏现场图

（a）细纤维透水混凝土破坏状态；（b）粗纤维透水混凝土破坏状态

纤维单掺各组试件 7d 抗压强度 表 6.9

试件编号	序号	设计空隙率（%）	纤维掺量（kg/m³）	长度（mm）	7d 抗压强度（MPa）	7d 平均抗压强度（MPa）
N-1	1	18	0	0	20.363	20.095
	2				20.141	
	3				19.781	
N-2	1	23	0	0	15.198	15.287
	2				15.689	
	3				14.975	
N-3	1	28	0	0	9.900	8.811
	2				8.405	
	3				8.127	
F-1	1	18	1.5	6	24.309	24.244
	2				24.825	
	3				23.598	
F-2	1	18	1.5	9	22.685	22.024
	2				22.458	
	3				20.93	
F-3	1	18	1.5	12	25.522	25.243
	2				25.05	
	3				25.156	
F-4	1	23	1.5	6	19.333	18.309
	2				16.362	
	3				19.233	
F-5	1	23	1.5	9	17.892	17.223
	2				16.418	
	3				17.359	
F-6	1	23	1.5	12	18.160	18.532
	2				18.588	
	3				18.848	
F-7	1	28	1.5	6	10.037	10.872
	2				11.011	
	3				11.568	
F-8	1	28	1.5	9	10.540	9.894
	2				9.608	
	3				9.535	
F-9	1	28	1.5	12	9.335	9.515
	2				9.982	
	3				9.229	

试件编号	序号	设计空隙率 （%）	纤维掺量 （kg/m³）	长度 （mm）	7d 抗压强度 （MPa）	7d 平均抗压强度 （MPa）
C-1	1	18	4.5	25	25.710	24.713
	2				24.077	
	3				24.351	
C-2	1	18	4.5	30	25.561	26.628
	2				26.868	
	3				27.454	
C-3	1	18	4.5	35	24.405	23.992
	2				24.265	
	3				23.305	
C-4	1	23	4.5	25	16.490	16.999
	2				17.835	
	3				16.671	
C-5	1	23	4.5	30	18.822	18.788
	2				18.633	
	3				18.909	
C-6	1	23	4.5	35	17.387	18.000
	2				18.189	
	3				18.423	
C-7	1	28	4.5	25	11.911	11.544
	2				11.402	
	3				11.318	
C-8	1	28	4.5	30	10.914	11.598
	2				11.619	
	3				12.260	
C-9	1	28	4.5	35	11.002	11.912
	2				11.920	
	3				12.815	

注：N—普通混凝土；F—单掺细纤维混凝土；C—单掺粗纤维混凝土。

（3）试验结果与分析

对 21 组抗压强度的试验数据进行整合，并将 3 种设计空隙率下的抗压强度值转化为折线图，其中纤维单掺对透水混凝土抗压强度的影响结果如图 6.23 所示。

纤维单掺对透水混凝土抗压强度的影响，本书主要从纤维长度、直径和设计空隙率三个方面进行分析。

1）纤维长度对抗压强度的影响

粗/细纤维的掺入对透水混凝土的抗压强度有很好的提升效果。

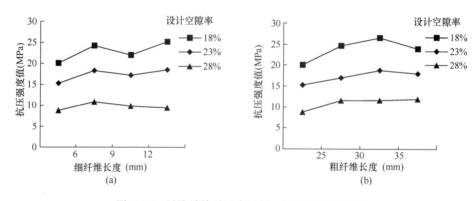

图 6.23　纤维单掺对透水混凝土抗压强度的影响
（a）细纤维对抗压强度的影响；（b）粗纤维对抗压强度的影响

　　细纤维透水混凝土的整体抗压强度值随着纤维长度的增长，呈现先上升后下降再上升的变化趋势。纤维长度为 12mm 时对透水混凝土抗压强度提升效果最大，并在设计空隙率为 18% 时分别高出 6mm 和 9mm 强度值 4.12%、14.62%，高出普通混凝土 25.62%。

　　粗纤维透水混凝土的整体抗压强度值随着粗纤维长度的增长，呈现先上升后下降的变化趋势。纤维长度为 30mm 时对透水混凝土抗压强度提升效果最大，并在设计空隙率为 18% 时分别高出 25mm 和 35mm 强度值 7.75%、10.99%。当设计空隙率为 28% 时，纤维长度为 35mm 时相对于普通混凝土提升幅度最大，即为 35.19%。

　　2）设计空隙率对抗压强度的影响

　　将每种设计空隙率下 3 种纤维长度的平均抗压强度值取平均值，即为每种设计空隙率下平均抗压强度值。

　　细纤维的掺入增加了透水混凝土的抗压强度，并且 7d 的抗压强度值随着设计空隙率变大有了大幅度的减小。随着设计空隙率的变大，透水混凝土的抗压强度相较于同条件普通混凝土的增幅效果逐渐降低。

　　透水混凝土的抗压强度随着粗纤维的掺入有了很大幅度的提升，并且 7d 的抗压强度值随着设计空隙率变大有了较大幅度的减小。但设计空隙率为 28% 的抗压强度提升效果最大，高出普通混凝土 32.62%。

　　3）不同纤维对抗压强度的影响

　　不同纤维也能够在不同程度上影响透水混凝土的抗压强度。将每种设计空隙率下三种纤维长度的平均抗压强度取平均值，则为纤维在各自设计空隙率下的平均抗压强度。具体的试验结果如图 6.24 所示。

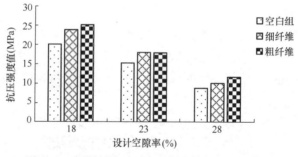

图 6.24　不同纤维对透水混凝土抗压强度的影响

由图 6.24 可以看出，透水混凝土的抗压强度随着纤维的掺入有了较大幅度的提升，并且粗纤维的掺入所起到的增幅效果最大。随着设计空隙率的增大，掺加粗纤维的抗压强度提升效果逐渐增加，相较于普通混凝土最大提升幅度为 32.62%。

综上所述，透水混凝土的抗压强度随着粗/细纤维的掺入有了很大幅度的提升，相较于普通混凝土最大提升幅度为 32.51%（粗）、25.26%（细）。另外，随着设计空隙率的增大，粗纤维对透水混凝土抗压强度提升效果最好。

3. 纤维对透水混凝土抗折强度影响

（1）抗折强度试验设备与过程

本次研究纤维透水混凝土抗折强度试验方法同 6.2.2 所述，结果精确到 0.001MPa。

在做抗折强度试验时，普通透水混凝土的荷载达到峰值时会出现清脆的破坏声，并且基体会在裂缝之间出现分离。但在图 6.25 中试块在荷载达到峰值时破坏声较小，并且其在中间部位只出现较小的弯曲裂缝，裂缝之间未完全断裂。

（2）抗折强度试验数据

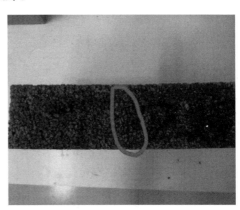

图 6.25　试件破坏状态

将各组试件养护 28d 后，分别测定纤维透水混凝土试块的抗折强度，每组取 3 块，并取平均值。各组试块抗折强度见表 6.10。

各组试件 28d 抗折强度　　　　　　　　　　　　　　　　表 6.10

试件编号	序号	设计空隙率（%）	纤维掺量（kg/m³）	长度（mm）	28d 抗折强度（MPa）	28d 平均抗折强度（MPa）
N-1	1	18	0	0	3.4844	3.494
	2				3.4466	
	3				3.5519	
N-2	1	23	0	0	2.8813	2.852
	2				2.7954	
	3				2.8791	
N-3	1	28	0	0	1.5701	1.642
	2				1.6772	
	3				1.6803	
F-1	1	18	1.5	6	3.5973	3.685
	2				3.7175	
	3				3.7391	
F-2	1	18	1.5	9	3.8219	3.936
	2				3.9776	
	3				4.0082	

海绵城市透水混凝土铺装材料性能评价与设计

续表

试件编号	序号	设计空隙率（%）	纤维掺量（kg/m³）	长度（mm）	28d 抗折强度（MPa）	28d 平均抗折强度（MPa）
F-3	1	18	1.5	12	3.5964	3.621
	2				3.6153	
	3				3.6527	
F-4	1	23	1.5	6	3.2126	3.179
	2				3.1739	
	3				3.1491	
F-5	1	23	1.5	9	3.3291	3.263
	2				3.2598	
	3				3.2009	
F-6	1	23	1.5	12	2.9556	3.034
	2				3.0249	
	3				3.1217	
F-7	1	28	1.5	6	1.9814	1.922
	2				1.8968	
	3				1.8873	
F-8	1	28	1.5	9	2.0079	1.978
	2				1.9481	
	3				1.9791	
F-9	1	28	1.5	12	2.1200	2.123
	2				2.1609	
	3				2.0867	
C-1	1	18	4.5	25	4.0334	4.141
	2				4.2053	
	3				4.1837	
C-2	1	18	4.5	30	3.7724	3.756
	2				3.7076	
	3				3.7868	
C-3	1	18	4.5	35	3.9591	3.851
	2				3.6873	
	3				3.9056	

续表

试件编号	序号	设计空隙率（%）	纤维掺量（kg/m³）	长度（mm）	28d 抗折强度（MPa）	28d 平均抗折强度（MPa）
C-4	1	23	4.5	25	3.4358	3.419
	2				3.4250	
	3				3.3966	
C-5	1	23	4.5	30	3.2364	3.212
	2				3.1658	
	3				3.2346	
C-6	1	23	4.5	35	3.3881	3.368
	2				3.3665	
	3				3.3507	
C-7	1	28	4.5	25	2.2406	2.109
	2				2.2446	
	3				1.8419	
C-8	1	28	4.5	30	2.0534	2.034
	2				1.9805	
	3				2.0687	
C-9	1	28	4.5	35	2.3202	2.305
	2				2.2919	
	3				2.3027	

注：N—普通混凝土；F—单掺细纤维混凝土；C—单掺粗纤维混凝土。

（3）试验结果与分析

通过测量以上 21 组纤维透水混凝土的抗折强度，将 3 种设计空隙率下的抗折强度值转化为折线图，结果如图 6.26 所示。

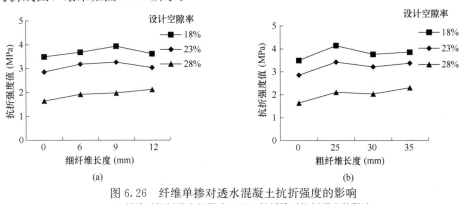

图 6.26　纤维单掺对透水混凝土抗折强度的影响

（a）细纤维对抗折强度的影响；（b）粗纤维对抗折强度的影响

纤维单掺对透水混凝土抗折强度的影响，本书主要从纤维长度、直径和设计空隙率3个方面进行分析。

1）纤维长度对抗折强度的影响

透水混凝土的抗折强度随着纤维的掺入有了一定的提升。

细纤维透水混凝土的整体抗折强度随着细纤维长度的增长，呈现先上升后下降的趋势，在9mm时达到最大值3.936MPa，相较于其他长度最大提升幅度为12.65%，相较于普通混凝土提升了11.23%。

粗纤维透水混凝土整体的抗折强度随着粗纤维长度的增长，呈现先上升后下降再上升的趋势，25mm时达到最大值4.141MPa，相较于其他长度最大提升幅度为18.52%，相较于普通混凝土提升了15.62%。

2）设计空隙率对抗折强度的影响

将每种设计空隙率下3种纤维长度的平均抗压强度值取平均值，即为每种设计空隙率下平均抗压强度值。

粗/细纤维透水混凝土28d的抗折强度值随着设计空隙率增大有了大幅度的降低。随着设计空隙率的增大，掺加粗/细纤维的透水混凝土相较于普通混凝土的抗折强度提升幅度逐渐增大，且在设计空隙率为28%时的抗折强度提升幅度分别达到30.88%（粗）、22.29%（细）。

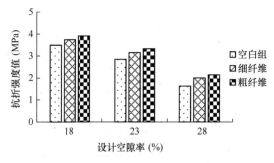

图6.27 不同纤维对透水混凝土抗折强度的影响

3）不同纤维对抗折强度的影响

不同纤维也能够在不同程度上影响透水混凝土的抗折强度，将每种设计空隙率下三种纤维长度的平均抗折强度取平均值，则为纤维在各自设计空隙率下的平均抗折强度。具体试验结果如图6.27所示。

由图6.27可以看出，纤维的直径对透水混凝土抗折强度有很大的影响作用。随着设计空隙率的变大，纤维直径对抗折强度的影响逐渐增大，在设计空隙率为28%时达到最高，相较于普通混凝土的抗折强度提升了22.29%（细）、30.88%（粗）。

综上所述，纤维的掺入对透水混凝土的抗折强度产生了较小的提升作用，在抗折强度最大时提升幅度为12.65%（细）、18.52%（粗）。另外，随着设计空隙率的变大，纤维的掺入所起到的增幅效果逐渐增大，粗纤维的掺入所起到的增幅效果要好于细纤维。

6.3.2 纤维对透水混凝土耐久性能的影响

1. 试验原材料及试件制备

试验原材料及试件制备同本书第6章6.3.1，只改变聚丙烯纤维的长度。因此，这里给出配合比设计方案见表6.11。

2. 冻融循环试验方案

本次试验依据《普通混凝土长期性能和耐久性能试验方法标准》GB/T 50082—2009中介绍的快冻法设计掺加聚丙烯纤维透水混凝土冻融循环试验。由于透水混凝土密实程度较普通混凝土低，边角处受各种因素影响易掉粒破损，无法准确认定质量损失是由冻融作用引起，故聚丙烯混凝土冻融循环试验采用抗压强度损失量进行评定。冻融试验机采用北京耐恒科技混凝土快速冻融试验系统，如图 6.28 所示，符合现行行业标准《混凝土抗冻试验设备》JG/T 243 的规定。

配合比设计方案　　　　　　　　　　　　　　　　　　表 6.11

组号	纤维长度 （mm）	纤维掺量 （kg/m³）	水泥用量 （kg/m³）	水灰比	水（kg/m³）	计算（设计） 空隙率（%）
1	0					
2	6	1.5	350	0.30	105	18.72
3	12					
4	18					

试验冻融循环过程分为三个阶段：第一阶段为冻融循环 75 次，每组分别取出 3 个外观较为完整的试件测出抗压强度；第二阶段为冻融循环 150 次，每组分别取出 3 个外观较为完整的试件测出抗压强度；第三阶段为冻融循环 225 次，每组分别取出 3 个外观较为完整的试件测出抗压强度。

将掺加 3 种长度聚丙烯纤维、掺量为 1.5kg/m³ 的透水混凝土成型为尺寸 100mm×100mm×100mm 的立方体试件，将养护至 24d 龄期的试件从养护箱内取出放置在温度为（20±2）℃的水箱中浸泡 4d，水箱中的水量应高于试件顶面 2～3cm，如图 6.29 所示。

图 6.28　混凝土快速冻融试验系统　　　　　图 6.29　水箱中浸水透水混凝土试件

待浸泡结束后，饱水冻融组将试件按顺序放置到冻融机橡胶筒内并加入清水，液面高于试件顶面 3～5cm。用于做湿润冻融试验的试件从水箱内取出单层放置在平板上控水 5min 后用湿布擦干试件表面的水，控水使其中大空隙中的水流出，尽量保存毛细空隙中的水，在橡胶筒内底部放置一个厚度为 1～2cm 的小钢片，然后将试件按顺序放入橡胶筒内，如图 6.30 所示。将试件垫高是防止冻融循环过程中试件继续控下的水冻结，影响橡胶筒内最下面试件的试验数据。

每次冻融循环过程设置在 2～4h 内完成，并且用于融化的时间不少于整个冻融循环时间的 1/4。在整个冻融循环过程中，试件中心最低温度与最高温度分别控制在

图 6.30　冻融循环试验现场图

（－18±2)℃和（5±2)℃范围内，每块试件从3℃降至－16℃所用的时间不少于冷冻时间的1/2，每块试件从－16℃升至3℃所用的时间不少于整个融化时间的1/2，试件内外温差保持在28℃以内。

将准备做冻融试验的试件，每组选取3个外形较为完整的试件先测出抗压强度值作为冻融循环试验起始值。启动混凝土快速冻融试验机，待第75次冻融循环结束后，关停设备4h。待全部橡胶筒内冰融化后每组取出3个外形较为完整的透水混凝土试件，再次启动混凝土冻融试验设备。将取出的透水混凝土试件用湿布擦干外表测出抗压强度值，第150次及第225次冻融循环结束后均重复上述工作，记录抗压强度值。

3. 冻融循环试验数据及分析

（1）试验数据

1）经过75次、150次、225次冻融循环后，掺加掺量为1.5kg/m³不同长度的聚丙烯纤维，透水混凝土抗压强度值精确至0.01MPa，详细数据见表6.12～表6.15。

冻融循环 0 次时透水混凝土抗压强度值　　　　　　表 6.12

纤维长度（mm）	编号	抗压强度（MPa）	平均值（MPa）
0	1	22.12	21.74
	2	21.72	
	3	21.38	
6	1	24.17	24.72
	2	24.94	
	3	25.05	
12	1	25.89	26.14
	2	26.40	
	3	26.13	
18	1	30.49	29.56
	2	28.58	
	3	29.61	

冻融循环 75 次时透水混凝土抗压强度值　　　　　　表 6.13

纤维长度（mm）	编号	饱水状态下抗压强度（MPa）	平均值（MPa）	湿润状态下抗压强度（MPa）	平均值（MPa）
0	1	18.15	17.22	19.77	20.05
	2	17.01		20.55	
	3	16.50		19.83	

纤维长度 （mm）	编号	饱水状态下抗压 强度（MPa）	平均值 （MPa）	湿润状态下抗压 强度（MPa）	平均值 （MPa）
6	1	24.67	23.23	25.33	23.78
	2	22.23		23.27	
	3	22.78		22.73	
12	1	23.70	24.35	23.01	25.09
	2	24.96		26.95	
	3	24.39		25.32	
18	1	28.12	28.22	28.63	28.93
	2	28.58		29.44	
	3	27.96		28.71	

冻融循环 150 次时透水混凝土抗压强度值　　　　　　表 6.14

纤维长度 （mm）	编号	饱水状态下抗压 强度（MPa）	平均值 （MPa）	湿润状态下抗压 强度（MPa）	平均值 （MPa）
0	1	11.82	12.54	17.77	17.71
	2	12.15		16.83	
	3	13.56		18.53	
6	1	17.12	20.26	22.16	21.54
	2	21.98		20.42	
	3	21.69		22.03	
12	1	22.34	22.31	24.28	23.38
	2	21.29		22.84	
	3	23.30		23.02	
18	1	24.95	25.97	27.55	27.74
	2	26.72		27.64	
	3	26.21		28.02	

冻融循环 225 次时透水混凝土抗压强度值　　　　　　表 6.15

纤维长度 （mm）	编号	饱水状态下抗压 强度（MPa）	平均值 （MPa）	湿润状态下抗压 强度（MPa）	平均值 （MPa）
0	1	7.21	6.77	14.21	14.49
	2	6.24		14.92	
	3	6.86		14.34	
6	1	14.49	14.10	19.13	18.43
	2	14.68		16.66	
	3	13.12		19.51	

续表

纤维长度 (mm)	编号	饱水状态下抗压强度 (MPa)	平均值 (MPa)	湿润状态下抗压强度 (MPa)	平均值 (MPa)
12	1	19.51		23.11	
	2	18.42	18.52	18.03	21.14
	3	17.62		22.29	
18	1	23.97		26.30	
	2	22.81	23.05	25.36	26.47
	3	22.37		27.75	

2) 在饱水、湿润状态下，随着冻融次数的增加，各组透水混凝土抗压强度的变化规律，如图 6.31、图 6.32 所示。

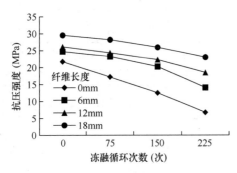

图 6.31　饱水状态下透水混凝土抗压强度　　图 6.32　湿润状态下透水混凝土抗压强度

3) 经 75 次、150 次、225 次冻融循环后，各组透水混凝土抗压强度残余率精确至 0.1%，见表 6.16。

冻融循环后透水混凝土抗压强度残余率 表 6.16

冻融循环次数 (次)	纤维长度 (mm)	饱水状态下残余率 (%)	湿润状态下残余率 (%)
75	0	79.2	92.2
	6	94.0	96.0
	12	93.2	96.2
	18	95.5	97.9
150	0	57.7	81.5
	6	82.0	87.1
	12	85.3	89.4
	18	87.9	93.8
225	0	31.1	66.7
	6	57.0	74.6
	12	70.8	80.9
	18	78.0	89.5

4）在饱水、湿润状态下，随着冻融次数的增加，各组透水混凝土抗压强度残余率的变化规律，如图 6.33、图 6.34 所示。

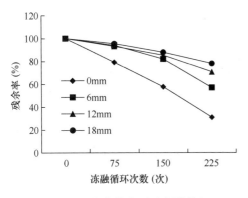

图 6.33　饱水状态下透水混凝土
抗压强度残余率

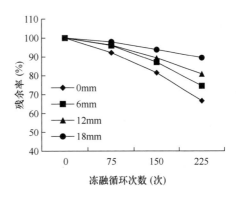

图 6.34　湿润状态下透水混凝土
抗压强度残余率

（2）试验数据分析

1）饱水状态下，随着冻融循环次数增多透水混凝土抗压强度值明显下降，特别是零纤维时的透水混凝土抗压强度下降尤其明显。以冻融循环 225 次为例进行比较，对于不加纤维试块，抗压强度由 21.7MPa 降低至 6.8MPa，降低幅度达 68.7％。加入纤维后可明显改善透水混凝土的抗冻融能力，纤维长度为 6mm、12mm 和 18mm 时，冻融循环 225 次后抗压强度降低幅度分别为 41.7％、29.2％和 22％。因此，掺加 18mm 长聚丙烯纤维对改进透水混凝土抗冻融机能最有益。

2）在湿润状态下，透水混凝土抗压强度随冻融循环次数的增多而下降，但降低幅度明显小于饱水状态。一样以冻融循环 225 次为例，未掺加纤维时试块抗压强度由 21.7MPa 降低至 14.5MPa，降低幅度为 33.2％。加入纤维对提升湿润状态下的抗冻融能力也有一定的作用，如纤维长度为 6mm、12mm 和 18mm 时，冻融循环 225 次后抗压强度降低幅度分别为 25.4％、19.0％和 10.5％。由此可知，掺加 18mm 长聚丙烯纤维对改进湿润状态透水混凝土抗冻融机能最明显，这与饱水冻融循环试验结果一致，说明添加 18mm 长纤维对提升抗冻融能力最有益。

3）残余强度比随冻融循环次数增多呈加速变小趋势，说明冻融循环过程中试件的破坏劣化速度是逐渐加速的。饱水状态下冻融循环 150 次之内，试件的残余抗压强度比比较接近，都在 85％以上，但随着冻融次数的进一步增加，掺加 6mm 纤维试块的残余强度比降低最快，其次是 12mm 纤维试块，降低最慢的为掺加 18mm 长纤维试块，冻融 225 次后残余强度比分别为 57％、70.8％和 78％。相对来讲，湿润状态下试件的冻融劣化速度相对较慢，冻融 150 次后，掺加三种纤维试件的残余强度比都在 89％以上，冻融 225 次后，残余强度比都在 74％以上。

6.4 聚合物改性透水混凝土性能

6.4.1 改性混凝土对聚合物的要求

聚合物作为聚合物改性混凝土中的重要组分，能改善混凝土一些性能；诸如抗弯拉强度、变形性能、耐久性等。聚合物对混凝土的影响与制备工艺、聚灰比、聚合物种类形态有很大关系[74]。用于改性混凝土的聚合物通常有以下要求：不参与或者极少部分参与水泥水化，与水泥水化物（Ca^{2+}、Al^{3+}）保持良好的稳定性，不改变或较少阻碍水泥的水化进程，成膜温度低，形成的高分子膜与骨料和水泥水化物有较强的粘结力，具有较好的耐候性、耐碱性和耐水性等。

6.4.2 试验原材料及试件制备

（1）试验原材料

水泥、粗集料、水的选择参照本书第 2 章 2.2.2（1）。

聚合物乳液 EVA 由青岛守茂化工有限公司提供，具体性能参数见表 6.17。

EVA 乳液性能参数 表 6.17

	中文名称	乙烯-醋酸乙烯共聚物
	英文名称	ethylene-vinyl acetate copolymer
	英文简称	EVA
基本信息	分子式	$(C_2H_4)_x \cdot (C_4H_6O_2)_y$
	相对分子质量	2000（平均值）
	固含量	55%
	黏度（s）	4400～5400
主要用途	内外墙涂料、建筑粘结剂、屋面防水及地下防水、界面剂、嵌缝膏界面剂及水泥砂浆改性剂	

（2）配合比设计

1）透水混凝土目标空隙率的计算按下式：

$$P = v_c - \frac{m_c}{\rho_c} - \frac{m_w}{\rho_w} - \frac{m_{ti}}{\rho_{ti}} \tag{6.10}$$

式中：v_c ——水泥混凝土用粗集料的间隙率（%）；

m_c ——1m³透水混凝土中水泥的用量（kg）；

m_w ——1m³透水混凝土中水的用量（kg）；

m_{ti} ——1m³透水混凝土其他添加物（$i=1，2，3，\cdots$）的用量（kg）；

ρ_{ti} ——其他添加物的密度（$i=1，2，3，\cdots$）（kg/m³）；

ρ_c ——水泥的密度（kg/m³）；

ρ_w ——水的密度（kg/m³）。

2）各种材料用量

① 骨料用量（1m³）：

$$M_{\mathrm{g}} = \rho_{\mathrm{g}} \times c \tag{6.11}$$

式中：ρ_{g} ——按击实法测定的粗集料的堆积密度（$\mathrm{kg/m^3}$）；

　　　c ——骨料折减系数，取 0.98。

② 水泥用量：

$$m_{\mathrm{c}} = \frac{(P_{\mathrm{c}} - P)\rho_{\mathrm{c}}\rho_{\mathrm{w}}}{\rho_{\mathrm{w}} + W_{\mathrm{c}}\rho_{\mathrm{c}}} \tag{6.12}$$

③ 水用量：

$$m_{\mathrm{w}} = m_{\mathrm{c}}W_{\mathrm{c}} - m_{\mathrm{t}}W_i \tag{6.13}$$

式中：m_{t} ——其他含水添加物的质量（kg）；

　　　W_i ——其他添加物的含水量。

其他按质量添加剂用量：

$$m_{\mathrm{t}} = a m_{\mathrm{c}} \tag{6.14}$$

式中：a ——其他添加剂的添加系数。

3）试验选用粗集料

试验选用粗集料级配（2.36～4.75mm，20%；4.75～9.6mm，70%；9.6～13.2mm，10%）。骨料、水泥、水、聚合物用量见表 6.18 与表 6.19。

配合比及材料用量（抗压）　　　　　　　　　　　　　表 6.18

编号	聚合物掺量（%）	水灰比	粗集料用量（kg/m³）	水泥用量（kg/m³）	水用量（kg/m³）	聚合物用量（kg）
第一组	3				85.377	8.94
第二组	6	0.3	1642	298	81.354	17.88
第三组	9				77.331	26.82

配合比及材料用量（抗折）　　　　　　　　　　　　　表 6.19

组号	聚合物掺量（%）	水灰比	粗集料用量（kg/m³）	水泥用量（kg/m³）	水用量（kg/m³）	聚合物用量（kg）
空白组	0				100.800	0
第一组	1				99.288	3.36
第二组	2				98.148	6.72
第三组	3	0.3	1642	336	96.264	10.08
第四组	6				91.728	20.16
第五组	9				84.247	30.24

（3）聚合物改性透水混凝土的制备

对于聚合物改性透水混凝土的制备主要有以下几个流程：

1）聚合物改性透水混凝土的投料及搅拌工艺

聚合物透水混凝土的物料添加顺序稍有不同，为了防止聚合物高分子膜阻碍水泥水化的充分进行，聚合物乳液要在水泥投料完成后进行。为了使聚合物乳液与拌合料拌和均匀，应将聚合物乳液用水稀释，本试验将聚合物乳液用 1/4 水稀释，并且在搅拌过程的后期均匀加入。具体的搅拌流程如图 6.35 所示。

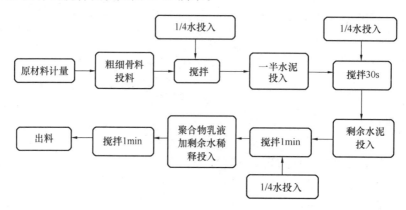

图 6.35　混凝土拌和流程

2）聚合物透水混凝土的成型

本试验采用马歇尔自动击实仪和重锤自由落体法对拌合料进行击实，具体的成型方法同 6.2.1 中的透水混凝土制备。

3）聚合物透水混凝土的养护

试块的养护采用标准养护箱养护 7d，7d 后洒水覆膜养护至 28d。

6.4.3　聚合物对透水混凝土力学性能的影响

1. 聚合物对透水混凝土抗压强度的影响

（1）抗压强度试验设备与过程

抗压强度试验设备与过程同 6.2.1。

（2）抗压强度试验结果与分析

1）聚合物含量对空隙、强度的影响

水泥用量 298kg/m³，聚合物掺加量分别为 3％、6％、9％。龄期 7d 时，测其封闭空隙率、连通空隙率、7d 的抗压强度，试验数据见表 6.20。

水泥用量 298kg 时试块性能参数　　　　　　表 6.20

编号		连通空隙率（％）		封闭空隙率（％）		7d 抗压强度（MPa）	
第一组 （3％）	1	17.189	17.709	6.935	6.711	12.470	13.413
	2	17.756		6.793		15.010	
	3	18.183		6.405		12.760	
第二组 （6％）	1	19.405	20.120	6.371	6.119	10.290	10.173
	2	19.629		5.730		12.880	
	3	21.326		6.257		7.350	
第一组 （9％）	1	19.132	19.966	6.259	6.359	8.310	7.000
	2	21.959		6.247		6.180	
	3	18.806		6.570		6.510	

如图 6.36 所示，随着聚合物含量的增加，连通空隙率先增长后稳定在 20％左右，封闭空隙的趋势是先减少后稳定在 6.2％左右。随着聚合物含量的增大，聚合物乳液微小气泡的"滚珠"效应使混凝土混合料的流动性得到增大，聚合物颗粒表面包裹的活性剂使水泥颗粒分散得更均匀，使包裹骨料的水泥浆膜也更均匀，骨料空隙间水泥颗粒成团大大减少，使得整体的连通空隙率得到增大，同时水泥浆体形成的封闭空隙得到减少。当聚合物含量增加到 9％时，混凝土混合料的流动性过大，在击实功的作用下，包裹骨料的水泥浆有向空隙聚集的趋势，所以连通空隙率出现了下降趋势，封闭空隙率出现了增加的趋势。

如图 6.37 所示，随着聚合物含量的增加，试块的 7d 抗压强度出现了明显的下降趋势，当聚合物含量增加到 9％，其抗压强度下降至 7MPa，与聚合物含量 3％的试验组相比，其强度下降了近 1 倍。在对普通聚合物改性混凝土的研究中，Pascal[75]等发现，水灰比一定时，随着聚合物丁苯乳液掺量的增大，砂浆的刚度和抗压强度逐渐降低，这种规律同样适用于透水混凝土。聚合物影响了水泥水化及凝结硬化过程，随着聚合物含量的增多，聚合物的成膜作用使水泥水化过程变缓，最终使 7d 的抗压强度下降较多。

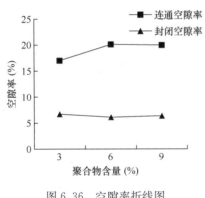

图 6.36　空隙率折线图

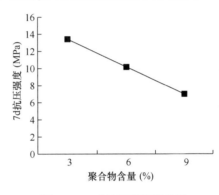

图 6.37　7d 抗压强度折线图

2）水泥用量对强度、空隙率的影响

当水泥用量单位体积 298kg，水灰比 0.3，聚合物掺加量 3％时，其连通空隙率 17％左右，7d 抗压强 13MPa 左右，其抗压强度并不能满足路面需要，试验进一步通过增加水泥用量、减少聚合物掺加量来提高试块的强度，并研究对空隙率的影响。水泥 336kg、龄期 7d 时，聚合物含量对性能的影响，见表 6.21。

水泥 336kg 性能参数表　　　　　　　　　　　　　　　　　表 6.21

编号		连通空隙率（％）		封闭空隙率（％）		7d 抗压强度（MPa）	
第一组（1％）	1	15.480		5.820		13.918	
	2	13.769	14.922	6.728	6.359	17.559	16.270
	3	15.516		6.529		17.332	
第二组（3％）	1	15.697		6.678		14.847	
	2	16.434	16.027	6.119	6.387	12.536	12.925
	3	15.950		6.365		11.391	
第三组（6％）	1	15.649		6.652		12.086	
	2	15.686	15.431	7.483	6.972	11.312	11.887
	3	14.957		6.782		12.264	

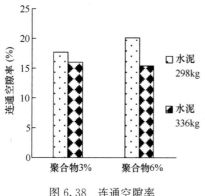

图 6.38　连通空隙率

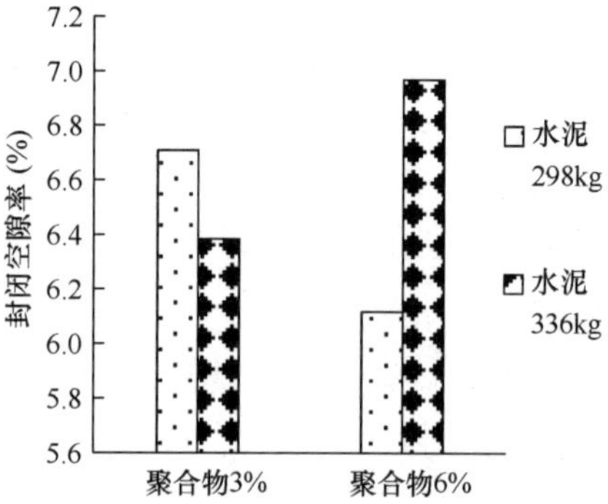

图 6.39　封闭空隙率

由表 6.21 的数据可知，当水泥单位用量为 336kg 时，聚合物透水混凝土的空隙率在 15% 左右，满足透水性能方面的要求，7d 抗压强度随着聚合物含量的增加而减小。由图 6.38～图 6.40 可知，当聚合物掺加量为 3%～6% 时，随着水泥用量的增加，连通空隙率减小，这与普通透水混凝土的规律一致；封闭空隙率在 6.4% 上下浮动，变化不大。当聚合物含量为 3% 时，随着水泥用量的增加，其抗压强度下降，说明聚合物含量大于 3% 时，

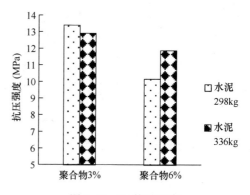

图 6.40　7d 抗压强度

聚合物对水泥凝结硬化的阻碍作用要大于水泥用量增多对强度的增强作用，即当聚合物含量大于 3% 时，不能通过增加水泥用量的方法来提高聚合物透水混凝土的抗压强度。

3）龄期对聚合物透水混凝土性能的影响

透水混凝土强度增长规律与普通混凝土有所不同，透水混凝土早期强度增长较快，7d 以后增长变缓，一般 7d 强度达到 28d 强度的 80%～90%，这主要是因为透水混凝土水胶比较低，以及混凝土内部多孔结构骨料间点接触引起的应力集中所致[76,77]。而聚合物改性透水混凝土由于加入了聚合物乳液，对水泥的凝结硬化产生了影响，强度增长规律不同于普通的透水混凝土。试验通过测试同一批次试块在不同龄期的性能参数，研究龄期对聚合物透水混凝土的影响规律，见表 6.22～表 6.26。

水泥 298kg/m³、龄期 40d 时，聚合物透水混凝土的性能见表 6.22。

水泥 298kg/m³、龄期 40d 性能参数表　　　　　　　　表 6.22

编号		连通空隙率（%）		封闭空隙率（%）		40d 抗压强度（MPa）	
第一组（3%）	1	19.050		6.391		16.120	
	2	18.803	18.204	6.337	6.682	18.231	19.023
	3	16.760		7.317		22.719	
第二组（6%）	1	21.919		5.636		10.917	
	2	20.939	20.868	5.555	5.770	12.233	11.415
	3	19.746		6.118		11.095	

续表

编号		连通空隙率（%）		封闭空隙率（%）		40d 抗压强度（MPa）	
第一组（9%）	1	19.295	19.339	5.433	5.992	8.072	9.371
	2	20.977		5.859		10.646	
	3	17.746		6.683		9.396	

水泥 336kg/m³、龄期 32d 时，聚合物透水混凝土性能见表 6.23。

水泥 336kg/m³、龄期 32d 性能　　　　　　　表 6.23

编号		连通空隙率（%）		封闭空隙率（%）		32d 抗压强度（MPa）	
第一组（1%）	1	15.8	15.87	5.59	5.28	22.86	22.23
	2	16.73		4.88		23.33	
	3	15.08		5.36		20.51	
第二组（3%）	1	16.58	16.61	5.75	5.5	17.87	17.12
	2	17.27		5.1		17.64	
	3	15.98		5.64		15.86	
第一组（6%）	1	16.97	16.2	5.91	6.22	16.93	15.52
	2	15.74		6.34		16.88	
	3	15.91		6.4		12.75	

水泥 298kg/m³、龄期 7d/40d 时，聚合物透水混凝土性能见表 6.24。

水泥 298kg/m³、龄期 7d/40d 性能参数　　　　　　　表 6.24

聚合物含量（%）	连通空隙率（%）		7d/40d	封闭空隙率（%）		7d/40d	抗压强度（MPa）		7d/40d
	7d	40d		7d	40d		7d	40d	
3	17.71	18.20	0.97	6.71	6.68	1.00	13.41	19.02	0.71
6	20.12	20.87	0.96	6.12	5.77	1.06	10.17	11.42	0.89
9	19.97	19.34	1.03	6.36	5.99	1.06	7.00	9.37	0.75

水泥 336kg/m³、龄期 7d/32d 时，聚合物透水混凝土性能见表 6.25。

水泥 336kg/m³、龄期 7d/32d 性能参数　　　　　　　表 6.25

聚合物含量（%）	连通空隙率（%）		7d/32d	封闭空隙率（%）		7d/32d	抗压强度（MPa）		7d/32d
	7d	32d		7d	32d		7d	32d	
1	14.922	15.87	0.94	6.359	5.28	1.20	16.27	22.23	0.73
3	16.027	16.61	0.96	6.387	5.50	1.16	12.925	17.12	0.75
6	15.431	16.2	0.95	6.972	6.22	1.12	11.887	15.52	0.77

不同龄期的聚合物透水混凝土抗压强度见表 6.26。

不同龄期试块的抗压强度　　　　　　　　　　　　表 6.26

聚合物含量（%）	7d 抗压强度（MPa）	32d 抗压强度（MPa）	50d 抗压强度（MPa）	7d/32d	7d/50d
1	16.27	22.23	26.28	0.73	0.62
3	12.93	17.12	19.24	0.76	0.67
6	11.89	15.52	12.88	0.77	0.92

由不同龄期空隙参数对比可知，连通空隙率在后期增长不大，7d 的连通空隙率占最终空隙率的 94% 以上；封闭空隙率对比系数大于 1，后期封闭空隙率有所降低，这都与聚合物成膜过程有关。聚合物的成膜要比水泥的凝结硬化更为缓慢，混凝土内的自由水蒸发后，聚合物乳液失水成膜，在聚合物和混凝土共同失水收缩作用下，连通空隙率出现较小幅度的增大，封闭空隙率出现微小的降低。

由表 6.26 不同龄期试块强度对比可知，聚合物改性透水混凝土的强度增长规律不同于普通透水混凝土。当聚合物含量在 1%～3% 时，7d 强度占 32d 强度的 70% 以上，而 7d 强度占 50d 强度的 60% 以上，说明聚合物透水混凝土强度增长缓慢，后期强度增长不容忽视。聚合物改性透水混凝土由于加入了聚合物乳液，对水泥的凝结硬化产生了影响，聚合物的成膜作用阻碍了水泥水化的正常进行。Silva 等人分析发现，乙烯-醋酸乙烯酯共聚物颗粒吸附在 C_3S 颗粒表面形成聚合物膜，延缓水泥水化，阻止了水化硅酸钙的形成[78,79]。由此可见，聚合物乳液的成膜是相对漫长的过程，在水泥内部的自由水被完全水化吸收后，在干燥过程中聚合物才可以成膜，聚合物在成膜后才可以在水泥和骨料之间形成贯穿网络加强界面粘结，使后期的强度得到提升。

聚合物透水混凝土的养护应延长养护时间，在养护初期应保持足够湿度使水泥水化顺利进行，在养护后期注意试件的聚合物成膜需在干燥过程中形成。

2. 聚合物对透水混凝土抗折强度的影响

（1）抗折强度试验设备与过程

抗折强度试验设备与过程同本书 6.2.2。

（2）抗折强度试验数据

以 3 个试件测值的数据平均值为测定值。3 个试件中最大值或最小值中如有一个与中间值之差超过中间值的 15%，则把最大值和最小值舍去，以中间值作为试件的抗弯拉强度；如最大值和最小值与中间值之差均超过中间值的 15%，则该组试验结果无效。各组试块抗折强度见表 6.27。

不同聚合物含量下试块抗折强度　　　　　　　　　　表 6.27

组别	序号	聚合物含量（%）	试件尺寸（cm）		最大压力（F_{max}）	抗折强度（MPa）	
			b	h			
空白组	1	0	10.2	10.2	8.46	4.07	4.14
	2		10.5	10.1	9.01	4.28	
	3		10.1	10.3	8.6	4.07	
第一组	1	1	10.7	10	9.72	4.65	4.24
	2		10.4	10	7.83	3.84	
	3		10.4	10	8.59	4.23	

续表

组别	序号	聚合物含量（%）	试件尺寸（cm）		最大压力（F_{max}）	抗折强度（MPa）	
			b	h			
第二组	1	2	10.5	10	9.74	4.73	4.36
	2		10.7	10	8.65	4.14	
	3		10.5	10	8.64	4.22	
第三组	1	3	10.7	10	8.01	3.84	3.74
	2		10.2	10	7.37	3.7	
	3		10.3	10	7.39	3.68	
第四组	1	6	10.5	10.1	6.39	3.04	3.31
	2		10.5	10.1	6.87	3.29	
	3		10.5	10	7.38	3.6	
第五组	1	9	10.4	10	7.1	3.49	3.23
	2		10.5	10	6.1	2.96	
	3		10.5	10	6.66	3.24	

（3）试验结果分析

对不同聚合物含量下试块抗折强度数据进行处理，处理过的数据结果如图 6.41 所示。

由图 6.41 可知，随着聚合物含量的增加，试块的抗折强度先增加后减小；当聚合物掺加含量为 2% 时，试块的抗折强度达到最大。由图 6.42 小梁试块的断开截面可以看到，断开位置大多位于骨料颗粒的胶结面，即试块的抗折强度主要来自于水泥浆的胶结强度。聚合物乳液的掺量对水泥浆的性能有重要影响，通过以上研究，在聚合物含量大于 3% 时，试块的抗折强度出现明显的下降，聚合物含量过多时阻碍了水泥水化的正常进行。同样，当聚合物掺加含量小于 2% 时，聚合物成膜作用在骨料水泥浆体间生成贯穿网络增强了骨料和浆体的粘结，使试块的抗折强度得到提升，当聚合物乳液掺加含量大于 2% 时，聚合物成膜作用阻碍了水泥水化的正常进行，使得水泥浆体的强度得到降低，最终削弱了试块整体的抗折强度。

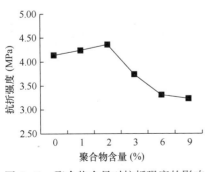

图 6.41　聚合物含量对抗折强度的影响

图 6.42　小梁试块断开截面

6.4.4　聚合物对透水混凝土耐久性的影响

本节将对加入聚合物的透水混凝土试块进行耐久性能的测试，通过与普通透水混凝土耐久性的对比，测试掺加聚合物后对透水混凝土耐久性能的影响。

（1）抗冻性能试验

本研究采用冻融循环前后抗压强度的变化率来评价多孔水泥混凝土的抗冻性能，即采用式（6.15）所示的抗冻系数，作为透水混凝土抗冻性能的主要评价指标，并结合试块冻融循环后外观状况和试块边角的完整性综合评价聚合物透水混凝土的抗冻性能。

$$k_r = \frac{F_2}{F_1} \qquad (6.15)$$

式中：k_r——抗冻系数（%）；

　　　F_1——冻融循环前试件的抗压强度（MPa）；

　　　F_2——冻融循环后试件的抗压强度（MPa）。

本试验采用快速冻融法进行透水混凝土抗冻性能试验（图 6.43、图 6.44），养护至 28d 后取出试件。以相同条件制作养护的 3 个试件为一组，分别进行 75 次，150 次，225 次冻融循环试验，测其强度变化率，并且观察试块表面的剥落情况和试块边角的完整度。透水混凝土试件进行冻融循环的注意事项如下：每次冻融循环应当在 2～5h 内完成，而且试件用于融化的时间不应小于整个冻融时间的 1/4；试件在冻结时，其中心温度应控制在（−18±2）℃，试件在融化时，其中心温度应控制在（5±2）℃。中心温度以测温标准试件的实测温度为准；在试验箱内，各个位置上的试件从 3℃ 降至 −16℃ 所用的时间，不应少于整个受冻时间的一半，每个试件从 −16℃ 升至 3℃ 所用的时间也不得少于整个融化时间的一半，试件内外温差不应超过 28℃；冻结和融化之间的转换时间不应超过 10min。

图 6.43　冻融循环箱　　　　　　　　　　图 6.44　冻融循环控制主机

（2）冻融循环试验结果及分析

1）水中状态下聚合物透水混凝土试块在不同循环次数下的强度值，见表 6.28。

水中冻融循环强度测试（MPa） 表 6.28

冻融循环次数（次） 聚合物含量（%）	0		75		150		225	
0	20.7	21.59	17.06	17.05	13.55	10.38	5.76	5.04
	23.58		16.97		13.6		4.82	
	20.48		17.12		3.98		4.54	
1	25.14	25.96	22.91	22.80	17.86	18.48	19.81	18.46
	27.42		23.35		19.45		17.01	
	25.32		22.15		18.13		18.57	
2	26.51	26.65	25.74	25.73	25.84	24.78	24.78	23.83
	27.31		26.1		24.4		23.49	
	26.12		25.34		24.11		23.21	

当冻融循环环境为水中时，经过 0 次、75 次、150 次、225 次冻融循环后平均抗冻系数见表 6.29。

水中冻融循环抗冻系数 表 6.29

冻融循环次数（次） 聚合物含量（%）	0	75	150	225
0	1	0.79	0.48	0.23
1	1	0.88	0.71	0.71
2	1	0.97	0.93	0.89

由图 6.45 可以看出，聚合物含量为 0 的一组随着冻融循环次数的增加抗冻性能下降最快，当 225 次冻融循环时其抗冻系数仅为 0.23，说明试块在冻融循环后抗压强度已经损失，试块基本上失去了承载能力；添加了聚合物的试验组，抗冻系数下降幅度较小，速度缓慢，添加了聚合物 1% 的试验组 225 次冻融循环后抗冻系数为 0.71，强度损失 30% 左右；掺加 2% 聚合物的试验组，在 225 次冻融循环后抗冻系数为 0.89，其强度

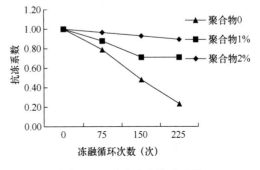

图 6.45 水中状态抗冻系数

损失仅 10% 左右，表明随着聚合物含量的增加，其抗冻性能得到了明显的提升。

2）湿润状态下聚合物透水混凝土试块在不同循环次数下的强度值，见表 6.30。

湿润冻融循环强度（MPa） 表 6.30

冻融循环次数（次） 聚合物含量（%）	0		75		150		225	
0	20.7	21.59	20.07	21.24	19.31	19.22	17.59	17.71
	23.58		23.35		19.03		17.65	
	20.48		20.31		19.32		17.89	

续表

聚合物含量（%） \ 冻融循环次数（次）	0		75		150		225	
1	25.14	25.62	25.56	25.16	23.7	23.33	21.05	21.30
	26.42		25.13		21.19		21.99	
	25.3		24.78		25.11		20.87	
2	26.51	26.62	26.42	26.16	25.42	25.62	24.31	24.67
	27.31		26.26		26.13		25.55	
	26.03		25.81		25.32		24.16	

当冻融循环环境为湿润时，经过 0 次、75 次、150 次、225 次冻融循环后平均抗冻系数见表 6.31。

湿润冻融循环抗冻系数 表 6.31

聚合物含量（%） \ 冻融循环次数（次）	0	75	150	225
0	1	0.98	0.89	0.82
1	1	0.98	0.91	0.83
2	1	0.98	0.96	0.93

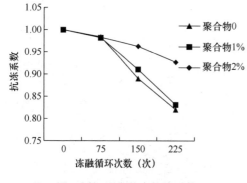

图 6.46　湿润状态抗冻系数

对表 6.31 中数据进行处理，处理结果如图 6.46 所示。

本组试块的冻融环境为湿润状态，模拟了雨雪天气过后透水混凝土路面的状况，研究真实环境下冻融过程对透水混凝土耐久性能的影响。不同于试块完全浸泡于水中的试验组，本组试块首先在水中浸泡 72h，然后放入冻融箱进行冻融循环。由于试块不是浸水状态，其内部的大空隙处于无水状态，在结冰冷冻过程中其空隙不会受到水结冰产生的挤压力，而其内部微小的空隙由于在水中浸泡而成饱和状态，在冷冻过程中微空隙内的水会结冰，使微空隙受到水结冰的膨胀挤压力。从试验数据上看，顺着冻融循环次数的增加，所有试块抗压强度都出现了下降，但下降幅度明显的变缓。添加了 1% 聚合物含量的试验组和不添加聚合物的试验组抗冻系数曲线相似度很高；225 次冻融循环时，2% 聚合物含量的一组平均抗冻系数要比 1% 的组高 10% 左右，可见在湿润的冻融环境下聚合物的加入同样提高了试块的抗冻融能力，对透水混凝土路面的耐久性能有一定提高。

3）试验结论

在相同的冻融循环条件下，透水混凝土的强度随着冻融循环次数的增加不断降低；添加聚合物的试验组抗冻性能要比不添加聚合物组的抗冻性能要好，聚合物添加含量 2% 时抗冻性能最优；在相同聚合物含量相同冻融循环次数下，冻融环境为水中的试验组强度损失要比湿润环境下的试验组强度损失大，说明浸水的冻融循环环境对透水混凝土强度的破坏要比湿润状态大。

6.5　本章小结

本章节主要研究普通混凝土及纤维、添加剂对透水混凝土抗压、抗折强度及耐久性的影响，主要结论如下：

（1）普通透水混凝土力学性能研究，得到如下结论：

1）在水泥用量及水灰比一定的情况下，随着紧密堆积空隙率的增大，抗压强度呈下降趋势；

2）在相同级配的骨料与水灰比前提下，抗压强度随水泥用量的增加呈近似线性增长；

3）在同一级配骨料、相同水泥用量下，水灰比在一定范围内增加会提升透水混凝土的抗压强度；

4）随着设计空隙率的增大，透水混凝土的抗折强度有了大幅度的降低，最大下降幅度可达到 53.01%，抗折强度已经不能够满足最低需求。

（2）掺加纤维对透水混凝土性能的影响，得到如下结论：

1）纤维的掺入对透水混凝土抗折强度有较小的提升作用，但对抗压强度提升的幅度较大，为 25.26%（细）、32.51%（粗）；

2）掺加纤维能够有效地提高透水混凝土抗冻性能，其中掺加 18mm 聚丙烯纤维的透水混凝土在经过 225 次冻融循环后抗压强度较其他各组残余率最高，抗冻性能最优；

3）饱水状态抗压强度的下降量约是湿润状态下的 2 倍，建议做好道路基层垫层的排水工作，不能使透水混凝土长期在饱水状态下冻融交替循环。

（3）掺加聚合物添加剂对透水混凝土性能的影响，得到如下结论：

1）聚合物乳液的加入，提高了透水混凝土 7d 的抗压强度，但当聚合物含量大于 3% 时，抗压强度降低，并且通过增加水泥用量提高试块抗压强度效果并不明显；

2）聚合物乳液对试块的抗折强度有一定提升，当聚合物添加含量 2% 时，抗折强度最大，随着聚合物掺量的增加试块抗折强度逐渐减小；

3）在相同的冻融循环条件下，透水混凝土的抗压强度随着冻融循环次数的增加而不断降低；聚合物添加含量 2% 时抗冻性能最优；

4）在相同聚合物含量、相同冻融循环次数下，冻融环境为水中的试验组抗压强度损失要比湿润环境下的试验组抗压强度损失大。

第7章　透水混凝土设计方法

7.1　设计空隙率-实测空隙率修正

7.1.1　原材料及配合比设计

（1）原材料

1）水泥：山水牌普通硅酸盐水泥（P·O42.5级），详细参数见表7.1。

2）集料：玄武岩碎石，采用两种级配 G1：2.36～4.75mm（30％），4.75～9.6mm（70％）；G2：4.75～9.6mm（80％），9.6～13.2（20％）。骨料的性能指标见表7.2。

水泥详细品质参数表　　表7.1

检验项目	标准稠度（％）	初凝时间（min）	终凝时间（min）	安定性	抗压强度（MPa）	
					3d	28d
结果	28	150	250	合格	24.7	47.2

粗骨料空隙率　　表7.2

级配	紧密堆积密度（kg/m³）	表观密度（kg/m³）	骨料空隙率（％）
G1	1670	2875	41.9
G2	1646	2855	42.3

（2）配合比设计

根据上述骨料参数，本试验采用体积法进行配合比设计，各材料用量见表7.3。

透水混凝土试块配合比　　表7.3

级配	设计空隙率（％）	水灰比	粗骨料（kg）	水泥（kg）	水（kg）
G1	21	0.25	1636.6	386	97
		0.3		355	106.5
		0.35		329	116
	18	0.3		403.2	121
	24	0.3		307	93
G2	21	0.3	1613	361.4	109

（3）成型方法

采用标准马歇尔自动击实仪，锤重4.5kg，落距457mm，击实次数为90次。将拌合物装入100mm×100mm×100mm的试模中，然后按照设定的次数进行自动击实成型。第二天进行拆模养护，考虑到养护条件应尽可能地与实际施工现场条件相符合。因此每批试件均采用室内覆盖薄膜养护，为延缓试件表面水分的蒸发，每隔一天对试件洒水湿润，成型后的试块见图 7.1。

图 7.1 透水混凝土试块

7.1.2 试验结果分析

（1）骨料级配的影响

在骨料级配 G1 和 G2，设计空隙率为 21%，水灰比为 0.3 时。试验结果如表 7.4 所示。

骨料级配与空隙率 表 7.4

级配 \ 空隙率	紧密堆积空隙率（%）	击实后骨料堆积空隙率（%）	设计空隙率（%）	总空隙率（%）	连通空隙率（%）
G1	41.9	42.198	21	25.31	18.45
G2	42.3	42.89	21	25.9	21.6

由表 7.4 分析得出，G1 级配骨料紧密堆积空隙率比 G2 级配骨料紧密堆积空隙率小 0.4%，成型后 G1 级配比 G2 级配的紧密堆积空隙率小 0.3%；随着骨料级配紧密堆积空隙率增加，实测总空隙率与连通空隙率逐渐增大，G1 级配的实测总空隙率和连通空隙率分别为 25.31%、18.45%，G2 级配为 25.9%、21.6%，比 G1 级配增加 0.59%、3.15%。另外，实测总空隙率与设计空隙率的差异也增加。G1 级配的最大总空隙率为 25.31%，与设计空隙率相差 4.31%，而 G2 级配中的最大总空隙率为 25.9% 与设计空隙率相差 4.9%。这是由于骨料级配的不同，骨料的紧密堆积密度不同，随着骨料级配中大粒径的增多，骨料的紧密堆积密度增加，骨料的空隙率增加，这将导致试块中骨料质量减少，而又因为骨料的粒径变大，成型后拌合物的密实度比粒径小的密实度小，则试块体积也有所增加，从而使试块的毛体积密度变小，导致总空隙率增加。连通空隙率随着骨料粒径的增加而增加，主要是因为骨料粒径影响骨料的比表面积和接触点数量，骨料粒径越大，骨料间的接触点就会越少，空洞尺寸越大，导致连通空隙数量增多。

（2）水泥浆用量的影响

骨料级配为 G1、水灰比为 0.3 时。试验结果如图 7.2、图 7.3 所示。

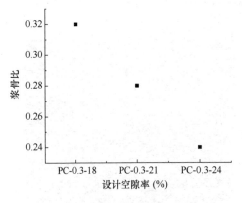

图 7.2　不同设计空隙率的浆骨比　　　　图 7.3　实测空隙率与不同设计空隙率的比较

图 7.2 表明，在水灰比为 0.3 的情况下，随着设计空隙率的增加，浆骨比减小。由图 7.3 分析出，透水混凝土的实测总空隙率始终高于设计空隙率，而且随着设计空隙率的增加，实测总空隙率与设计空隙率之间的差异减少。例如，18%、21%、24% 的设计空隙率与总空隙率的差异分别是 6.7%、4.31%、2.87%。在设计空隙率为 18% 时，实测总空隙率与设计空隙率的差值最大。这主要是由于设计空隙率越低（水泥用量越大），试块的毛体积密度越大，理论密度越小，所以设计空隙率越低，实测总空隙率与设计空隙率的差值越大。同时，随着设计空隙率的降低，浆骨比逐渐增加，而浆体的增加使骨料在成型时浆体的厚度增加，使得成型效果不太好，密实度降低。因此，最低设计空隙率（18%）与总空隙率之间的差异最大。

可以看出，连通空隙率随着设计空隙率的增加而增加，这是由于设计空隙率的降低，浆骨比逐渐增加，水泥浆体的富余量就会比较多，则富余的水泥浆体可以进一步填充骨料之间的空隙，使得骨料在成型时水泥浆体的厚度增大，导致透水混凝土原来连通的空隙减小甚至变得不连通，因而连通空隙率降低。

（3）水灰比的影响

在骨料级配为 G1，设计空隙率为 21% 时，试验结果如图 7.4 和图 7.5 所示。

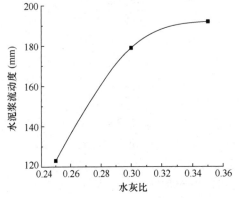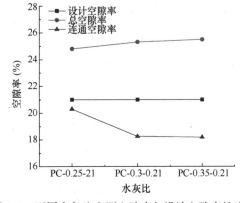

图 7.4　水泥净浆流动度随水灰比变化曲线　　图 7.5　不同水灰比实测空隙率与设计空隙率的比较

由图 7.4、图 7.5 分析得出，设计空隙率为 21% 时，随着水灰比的增加，水泥浆的流动度增加，设计空隙率与实测总空隙率之间的差异也增加。当水灰比为 0.25 时，设计空隙率与总空隙率的差值为 3.5%；水灰比为 0.3 时，设计空隙率与总空隙率的差值为 4.31%；水灰比为 0.35 时，设计空隙率与总空隙率的差值为 4.5%。这是因为随着水灰比的增大，水泥用量降低，导致理论密度增加，故实测总空隙率增加。因此，实测总空隙率与设计空隙率之间的差异增加。

此外还观察出，透水混凝土的连通空隙率随着水灰比的增加而降低。这主要是由于水灰比增大，导致水泥浆流动度增加，水泥浆体黏度降低，使得部分浆体不能包裹在骨料表面，而是顺着内部连通空隙流至试块底部，使得底部空隙被堵塞，连通空隙数量减少。

7.1.3　透水混凝土设计与实测空隙率相关关系式

通过分析得出影响透水混凝土实测总空隙率的因素主要是设计空隙率、骨料级配、水灰比，且设计空隙率＞骨料级配＞水灰比。此外，可以用骨料间隙率有效代替骨料级配对实测总空隙和连通空隙的影响，因此，在影响因素中对硬化后实测总空隙率和连通空隙率进行回归分析。实测总空隙率和连通空隙率的关系式如下。

（1）骨料级配为 G1，水灰比为 0.3 时，设计空隙率为 18%～24% 时。设计空隙率与实测总空隙率、连通空隙率之间的关系。

将透水混凝土设计空隙率与实测总空隙率、连通空隙率分别进行拟合分析，结果见图 7.6，拟合关系见式（7.1）和式（7.2）。

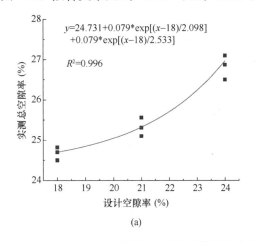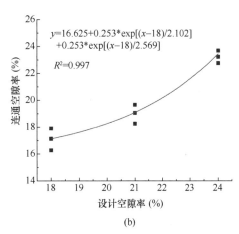

图 7.6　设计空隙率与总空隙率、连通空隙率之间的关系

（a）总空隙率；（b）连通空隙率

设计空隙率与实测总空隙率关系式：
$$y = 24.731 + 0.079 \times \exp[(x-18)/2.089]$$
$$+ 0.079 \times \exp[(x-18)/2.553] \tag{7.1}$$

设计空隙率与连通空隙率关系式：
$$y = 16.625 + 0.253 \times \exp[(x-18)/2.102]$$
$$+ 0.253 \times \exp[(x-18)/2.569] \tag{7.2}$$

从图 7.6（a）以及式（7.1）可以看出，实测总空隙率与设计空隙率之间具有良好的相关性，其拟合结果呈现一定的函数关系，透水混凝土实测总空隙率随着设计空隙率的增加而增加。

从图 7.6（b）以及式（7.2）可以看出，连通空隙率与设计空隙率之间也具有较好的相关性，且相关系数大于式（7.1）的原因在于：在计算理论空隙率的时候，是按照 25％ 的水与水泥发生水化反应，所以说有少许的差别。

（2）骨料级配为 G1，设计空隙率为 21％，水灰比为 0.25～0.35 时，水灰比与实测总空隙率、连通空隙率之间的关系。

将透水混凝土在不同水灰比设计情况下与实测总空隙率、连通空隙率分别进行拟合分析，结果见图 7.7，拟合关系见式（7.3）和式（7.4）。

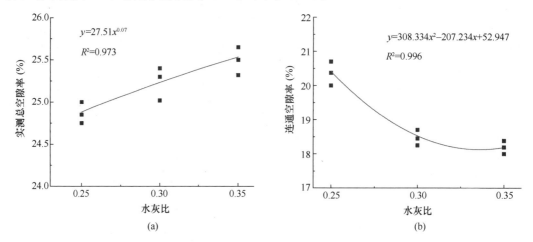

图 7.7　水灰比与实测空隙率之间的关系
（a）实测总空隙率；（b）连通空隙率

水灰比与实测总空隙率关系式：
$$y = 27.51x^{0.07} \quad R^2 = 0.973 \tag{7.3}$$
水灰比与连通空隙率关系式：
$$y = 308.334x^2 - 207.234x + 52.947 \quad R^2 = 0.996 \tag{7.4}$$

从图 7.7 以及式（7.3）、式（7.4）可以观察出，实测总空隙率、连通空隙率与水灰比之间均具有较好的相关性，其拟合结果呈现一定的指数关系，透水混凝土实测总空隙率随着水灰比的增加而增加；然而连通空隙率随着水灰比的增加而降低，这是因为随着水灰比的增加，水泥浆流动度增加，部分浆体流至试块底部，使得底部空隙被堵塞，连通空隙数量减少。

（3）由公式（7.1）和公式（7.2）可知，在不同的水灰比以及不同的骨料级配（用骨料间隙率表示骨料的级配）的情况下，计算结果可能与实际中存在一定的差异，因此，对式（7.1）和式（7.2）进行修正，修正后见式（7.5）和式（7.6）：

$$y_{总} = (5.75V_{vca} - 1.409)(1.086R_{w/c}^{0.069}) \times \{24.731 + 0.079 \times \exp[(x-18)/2.098]$$
$$+ 0.079\exp[(x-18)/2.553]\} \tag{7.5}$$

式中：$y_{总}$——实测总空隙率；

$R_{w/c}$——水灰比；

V_{vca}——骨料间隙率；

x——设计空隙率。

$$y_{连通} = (42.75V_{vca} - 16.912)(18R_{w/c}^2 - 12.2R_{w/c} + 3.01) \times \{16.625 + 0.253 \times \exp[(x-18)/2.102] + 0.253 \times \exp[(x-18)/2.569]\} \tag{7.6}$$

式中：$y_{连通}$——连通空隙率；

$R_{w/c}$——水灰比；

V_{vca}——骨料间隙率；

x——设计空隙率。

根据以上分析，在已知相关参数后，就不需要先进行试验就可以计算出实测空隙率的多少。为实际工程提供可信的相关数据，可以极大地节约时间。

7.2 水泥浆合理包裹厚度

最大包裹厚度

根据第 3 章中试验方法，基于一定条件下的静置方法测得的水泥浆最大包裹厚度与水泥浆稠度、骨料粒径有关，其中，水泥浆稠度与水灰比、减水剂及其他掺加剂有关。以无添加剂情况下的水泥浆包裹厚度为例，骨料表面水泥浆最大包裹厚度与水灰比、骨料粒径之间的关系绘于图 7.8 中。

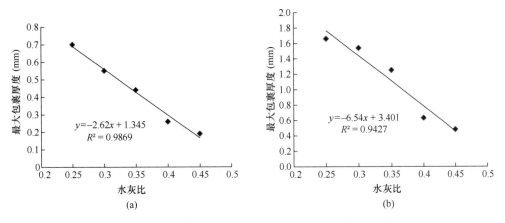

图 7.8　骨料最大包裹厚度与水灰比、骨料粒径的关系

(a) 2.36～4.75mm 骨料；(b) 4.75～9.5mm 骨料

图 7.8 为某一单一粒径的水泥浆最大包裹厚度，实际透水混凝土设计时可能采用不同粒径的骨料按照一定比例进行混合，此时最大包裹厚度需要根据单一粒径骨料最大包裹厚度进行换算得到。下面以 2.36～4.75mm 和 4.75～9.5mm 两种粒径骨料为例，分别考虑 0：100；10：90；20：80；30：70 四种情况，混合级配骨料的水泥浆最大包裹厚度计算方法如下：

假定 2.36～4.75mm 骨料质量 m_1，4.75～9.5mm 骨料质量 m_2，两种骨料都为最大包裹状态，按一定比例混合在一起后，平均包裹厚度为：

$$d_\mathrm{m} = \frac{m_1 \cdot S_1 \cdot d_1 + m_2 \cdot S_2 \cdot d_2}{m_1 \cdot S_1 + m_2 \cdot S_2} \tag{7.7}$$

式中：m_1，m_2——骨料 1 和骨料 2 的质量（kg）；

$\quad\quad S_1$，S_2——骨料 1 和骨料 2 的比表面积（$\mathrm{m^2/kg}$）；

$\quad\quad d_1$，d_2——骨料 1 和骨料 2 的水泥浆最大包裹厚度（mm）。

式（7.7）中分子的含义为不同单一粒径的最大包裹厚度计算水泥浆体积之和，分母为各级骨料的表面积之和，因而式（7.7）为平均最大包裹厚度。四种不同比例级配的骨料经换算得到最大包裹厚度绘于图 7.9 中。

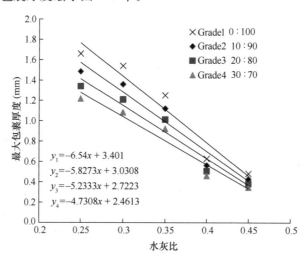

图 7.9　不同级配骨料水泥浆最大包裹厚度

透水混凝土设计空隙率范围一般在 15%～35% 之间，对应于该空隙率范围的水泥浆包裹厚度可通过式（7.8）得到：

$$d_\mathrm{design} = \frac{VMA - V_\mathrm{design}}{S_\mathrm{m} \cdot \rho_\mathrm{m}} \tag{7.8}$$

式中：VMA——捣实状态骨料间隙率；

$\quad\quad V_\mathrm{design}$——设计空隙率；

$\quad\quad S_\mathrm{m}$——集料比表面面积（$\mathrm{m^2/kg}$）；

$\quad\quad \rho_\mathrm{m}$——集料捣实紧密堆积密度（$\mathrm{kg/m^3}$）。

以捣实状态骨料紧密堆积间隙率 42% 为例，设计空隙率范围取 15%～35%，2.36～4.75mm 骨料比表面积 0.7$\mathrm{m^2/kg}$，4.75～9.5mm 骨料比表面积 0.35$\mathrm{m^2/kg}$，则在设计空隙率范围的水泥浆包裹厚度如图 7.10 所示。

图 7.10 中试验得到的水泥浆包裹厚度为静置状态下水泥浆的最大包裹厚度，击实成型过程中将对水泥浆产生扰动作用，因而需要考虑动态作用的影响。经过冲击振动测试，动态荷载成型时，水泥浆体不产生流动离析的厚度为静置得到的最大包裹厚度的 0.7 倍。对图 7.10 中最大包裹厚度进行动态修正，同时与设计空隙率范围的水泥浆包裹厚度进行对比，一并绘于图 7.11 中。

由图 7.11 可以看出，以骨料粒径为 4.75～9.5mm 为例，透水混凝土在设计空隙率为 15%～35% 时，水灰比为 0.25～0.4 时，水泥浆包裹厚度都不超过产生成型离析的最大包

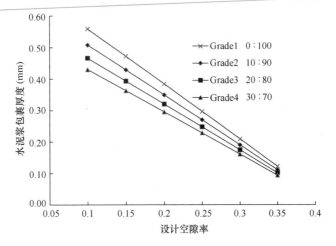

图 7.10　不同设计空隙率对应的水泥浆包裹厚度

裹厚度。当加入一定比例 2.36～4.75mm 骨料时，上述规律仍然有效。因而，透水混凝土设计时，若空隙率取 15%～35% 时，以此计算得到的水泥浆包裹厚度不会产生水泥浆流动离析堵塞空隙问题，设计时可仅验算其他性能即可。

加减水剂会显著增加水泥浆的流动性，降低水泥浆的最大包裹厚度，根据第 3 章室内试验结果，水灰比 0.25 时，添加水泥剂量 0.3% 减水剂的最大包裹厚度与未添加减水剂时水灰比 0.4 的最大包裹厚度较接近。因此，添加一定量的减水剂可使用水量

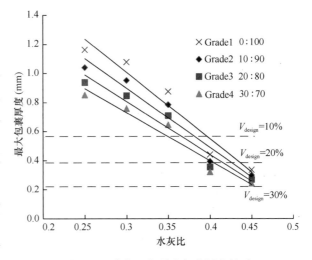

图 7.11　水灰比与最大包裹厚度关系

降低，两者对水泥浆流动性影响规律相反，通过设定合理的比例，可使水泥浆的流动性维持在合理的水平。从第 3 章的试验结果和本节图 7.11 中的结果分析，在水灰比 0.25 情况下，减水剂控制在 0.3% 用量范围内时，透水混凝土设计也无需考虑水泥浆流动离析问题。

7.3　透水混凝土空隙率选择

（1）渗水能力与空隙率间的关系

根据第 5 章不同空隙率下试件的渗水测试结果，可分别得到透水混凝土试件的总空隙率、连通空隙率，以及不同空隙率下的渗水系数。总空隙率与连通空隙率的关系可参考第 5 章内容，图 7.12 和图 7.13 中分别绘出总空隙率与渗水系数、连通空隙率与渗水系数之间的关系。可以看出，渗水能力与空隙率之间有较好的相关性，随着空隙率的增加渗水

能力呈加速增加趋势，两者呈指数关系。实际应用时，可以根据实际渗水能力的具体需要选择合适的空隙率。

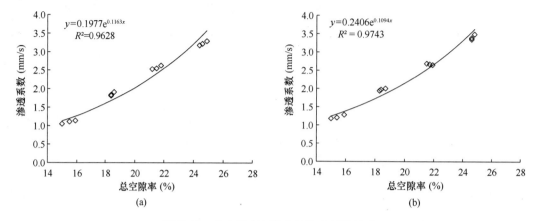

图 7.12　总空隙率与渗水性能之间的关系
(a) G1 级配；(b) G2 级配

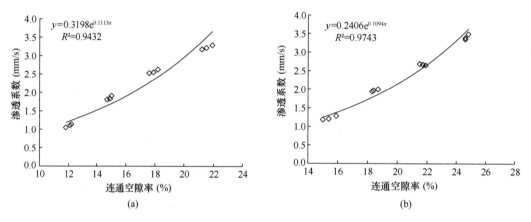

图 7.13　连通空隙率与渗水性能之间的关系
(a) G1 级配；(b) G2 级配

（2）空隙率确定方法

在常用空隙率≥15％情况时，通过渗水试验表明道路使用初期都能满足降雨渗水要求。但选择空隙率时应考虑以下几点：

① 铺面透水混凝土使用过程中会出现空隙堵塞现象，这直接影响到透水混凝土铺装的渗透能力，因此，应评估铺面材料所处的使用环境和维护条件。

② 考虑当地的年降雨量、降雨强度及整个铺面系统的排水条件。对于年降雨量较大、雨期降雨强度较大的地区可考虑选用加大空隙率。

③ 透水混凝土材料的强度和耐久性与使用条件有关，如强度随空隙率的增加而降低、冻融环境可导致透水混凝土材料强度明显衰减。因此，应全面权衡透水混凝土的使用条件，使其满足渗水功能的同时还要保证其强度和耐久性。

7.4　透水混凝土铺面材料设计方法

（1）原材料特性

表观密度、吸水率。

（2）骨料级配及紧密堆积密度

选择粗、中、细三种骨料级配，测试骨料紧密堆积密度及骨料间隙率。

（3）设计空隙率范围确定

综合考虑铺面材料使用环境、渗水性能等方面，根据渗水能力和实测空隙率（连通空隙率）之间的关系，确定实际空隙率范围。由 7.1 节实际空隙率与设计空隙率的关系确定设计空隙率范围。

（4）水泥浆用量确定

由设计空隙率范围和骨料间隙率，根据体积法计算水泥浆用量（体积）范围。

$$m_c = \frac{V_P}{\rho_c \cdot R_{w/c} + \rho_w} \cdot \rho_c \cdot \rho_w \tag{7.9}$$

计算水泥胶结料包裹厚度：

$$MPT = \frac{m}{\rho_s \times S(d) \times m_s} \tag{7.10}$$

（5）水灰比

拟定三组水胶比，建议范围 0.25～0.35，若选用水灰比接近 0.4 或减水剂用量超过 0.3％时，需要验算是否超过最大包裹厚度。

验算水泥胶结料是否超过最大包裹厚度时，需要查表或实测水泥胶结料稠度。

（6）计算各组成材料用量

水的用量：

$$W_w = W_c \times R \tag{7.11}$$

水泥的用量：

$$V_p = 1 - \alpha \times (1 - V_c) - P - V_x \tag{7.12}$$

$$W_c = \frac{V_P}{\dfrac{1}{\rho_c} + \dfrac{R}{\rho_w}} \tag{7.13}$$

掺加剂：根据与水泥用量的比值确定。

（7）基于渗水能力和强度的平衡设计方法

取建议空隙率范围中值及 ±2％ 三个空隙率，骨料级配粗、中、细三种级配，每种级配下进行 3 种不同水胶比，分别计算单位体积混合料水、水泥、掺加剂掺量。击实成型透水混凝土立方体试块，每组 3～5 个。

进行 7d 抗压强度、空隙率（总空隙率、连通空隙率）、渗水系数、表面拉拔强度测试，绘制空隙率与强度关系图、空隙率与渗水能力关系图。选取空隙率较大且强度较高的材料组成作为配合比设计标准。

透水混凝土材料组成设计流程如图 7.14 所示。

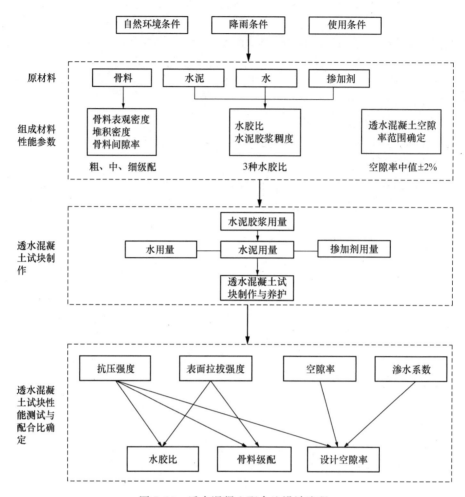

图 7.14　透水混凝土配合比设计流程

参 考 文 献

[1] Chindaprasirt P , Hatanaka S , Chareerat T , et al. Cement paste characteristics and porous concrete properties[J]. Construction &. Building Materials, 2008, 22(5)：894-901.

[2] Jimma B E , Rangaraju P R . Film-forming ability of flowable cement pastes and its application in mixture proportioning of pervious concrete[J]. Construction &. Building Materials, 2014, 71(30)：273-282.

[3] Xie X , Zhang T , Yang Y , et al. Maximum paste coating thickness without voids clogging of pervious concrete and its relationship to the rheological properties of cement paste[J]. Construction and Building Materials, 2018, 168：732-746.

[4] Nguyen D, Sebaibi N, Boutouil M , et, al. A modified method for the design of pervious concrete mix[J]. Construction and Building Materials, 2014, 73：271-282.

[5] Liu T, Wang Z , Zou D, et, al. Strength enhancement of recycled aggregate pervious concrete using a cement paste redistribution method[J]. Cement and Concrete Research, 2019, 122(5)：72-82.

[6] Xu Y, Jin R, Hu L, et al. Studying the mix design and investigating the photocatalytic performance of pervious concrete containing TiO_2-Soaked recycled aggregates[J]. Journal of Cleaner Production, 2020(248)：119281. 1-119281. 13.

[7] Dai Z, Li, H, Zhao W, et al. Multi-modified effects of varying admixtures on the mechanical properties of pervious concrete based on optimum design of gradation and cement-aggregate ratio[J]. Construction and Building Materials, 2020, 233：117-178.

[8] 辛扬帆，梁晓飞. 单一粒径混凝土的透水性研究[J]. 山东理工大学学报(自然科学版), 2019, 33(3)：65-68.

[9] Torres A , Hu J , Ramos A . The effect of the cementitious paste thickness on the performance of pervious concrete[J]. Construction and Building Materials, 2015, 95：850-859.

[10] Cosic K, Korat L, Ducman V, et, al. Influence of aggregate type and size on properties of pervious concrete[J]. Construction and Building Materials, 2015, 78：69-76.

[11] Deo O, Neithalath N. Compressive behavior of pervious concretes and a quantification of the influence of random pore structure features[J]. Materials Science and Engineering A, 2010, 528(1)：402-412.

[12] Elango K. S, Revathi V. Fal-G binder pervious concrete[J]. Construction and Building Materials, 2017, 140：91-99.

[13] Sun Z, Lin X, Vollprach A. Pervious concrete made of alkali activated slag and geopolymers[J]. Construction and Building Materials, 2018, 189：797-803.

[14] Zhong R, Wille K. Compression response of normal and high strength pervious concrete[J]. Construction and Building Materials, 2016, 109：177-187

[15] Nassiri S, AlShareedah O. Preliminary Procedure for Structural Design of Pervious Concrete Pavements[J]. Dept of Transportation, 2017：1-46.

[16] Grubesa I. N, Barisic I, Ducman V, et al. Draining capability of single-sized pervious concrete[J].

Construction and Building Materials，2018，169：252-260.

[17] Kevern J. T，Wang K，Schaefer V. R. Effect of coarse aggregate on the freeze-thaw durability of pervious concrete[J]. Journal of Materials in Civil Engineering，2010，22(5)：469-475.

[18] AlShareedah O，Nassiri S，Dolan，et al. Pervious concrete under flexural fatigue loading：performance evaluation and model development[J]. Construction and Building Materials，2019，207：17-27.

[19] Ibrahim H，Goh Y，Ann Z，et al. Hydraulic and strength characteristics of pervious concrete containing a high volume of construction and demolition waste as aggregates[J]. Construction and Building Materials，2020，253：119-251.

[20] 李荣炜，余其俊，等. 多孔混凝土的孔隙模型研究[J]. 武汉理工大学学报，2009，31(19)：11-15.

[21] Kevern J. T，Schaefer V. R，Wang K，et al. Pervious concrete mixture proportions for improved freeze-thaw durability[J]. Journal of ASTM International，2008，5(2)：1-12.

[22] Kevern J. T，Nowasell Q. C. Internal curing of pervious concrete using light-weight aggregates[J]. Construction and Building Materials，2018，161：229-235.

[23] Gaedicke C，Torres A，Huynh K C T，et al. A method to correlate splitting tensile strength and compressive strength of pervious concrete cylinders and cores[J]. Construction and Building Materials，2016，125(OCT. 30)：271-278.

[24] Cosic K，Korat L，Ducman V，et al. Influence of aggregate type and size on properties of pervious concrete[J]. Construction & Building Materials，2015，78(mar. 1)：69-76.

[25] Yu F，Sun D，Wang J，et al. Influence of aggregate size on compressive strength of pervious concrete[J]. Construction and Building Materials，2019，209(JUN. 10)：463-475.

[26] K，S. Elango and V. Revathi. Properties of PPC binder pervious concrete.

[27] Chen J J，Fung W，Kwan A. Effects of CSF on strength，rheology and cohesiveness of cementpaste[J]. Construction & Building Materials，2012，35(none)：979-987.

[28] Rao G A. Investigations on the performance of silica fume-incorporated cement pastes and mortars[J]. Cement & Concrete Research，2003，33(11)：1765-1770.

[29] Gesoglu M，Gueneyisi E，Khoshnaw G，et al. Investigating properties of pervious concretes containing waste tire rubbers[J]. Construction and Building Materials，2014，63(JUL. 30)：206-213.

[30] Shen W，Shan L，Tao Z，et al. Investigation on polymer－rubber aggregate modified porous concrete[J]. Construction & Building Materials，2013，38(JAN.)：667-674.

[31] Akand，Lutfur，Yang，et al. Effectiveness of chemical treatment on polypropylene fibers as reinforcement in pervious concrete[J]. Construction & Building Materials，2018.

[32] Milena，Rangelov，Somayeh Nassiri，et al. Using carbon fiber composite for reinforcing pervious concrete，2016，126：875-885.

[33] Kevern J T，Biddle D，Cao Q. Effects of Macrosynthetic Fibers on Pervious Concrete Properties[J]. Journal of Materials in Civil Engineering，2015，27(9)：06014031.

[34] 李荣炜，余其俊，等. 多孔混凝土的孔隙模型研究[J]. 武汉理工大学学报，2009，31(19)：11-15.

[35] Chandrappa A. K，Biligiri K. P，Asce M. Pore structure characterization of pervious concrete using X-ray microcomputed tomography[J]. Journal of Materials in Civil Engineering，2018，30(6)：1-11.

[36] Zhang J，Ma G，Ming R，et al. Numerical study on seepage flow in pervious concrete based on 3D

CT imaging[J]. Construction and Building Materials，2018，161：468-478.

[37] 许燕莲，李荣炜，余其俊，等. 多孔混凝土孔隙的表征及其与渗透性的关系研究[J]. 混凝土，2009(3)：16-20.

[38] Sumanasooriya M. S, Bentz D. P, Neithalath N. Planar image-based reconstruction of pervious concrete pore structure and permeability prediction[J]. Aci Materials Journal，2010，107（4）：413-421.

[39] 王旭东，田威，王昕. 基于 CT 技术的混凝土细观三维重建研究[J]. 水利与建筑工程学报，2014，12(3)：94-97.

[40] Bordelon A. C, Roesler J. R. Spatial distribution of synthetic fibers in concrete with X-ray computed tomography[J]. Cement and Concrete Composites，2014，53：35-43.

[41] 蒋昌波，刘易庄，肖政. 多孔混凝土内部孔隙特征研究[J]. 硅酸盐通报，2015，34（4）：1105-1110.

[42] Zhong R，Wille K. Linking pore system characteristics to the compressive behavior of pervious concrete[J]. Cement and Concrete Composites，2016，70：130-138.

[43] Neithalath N, Sumanasooriya M. S, Deo O. Characterizing pore volume，sizes，and connectivity in pervious concretes for permeability prediction[J]. Materials Characterization，2010，61（8）：802-813.

[44] Yu F, Sun D, Hu M, et al. Study on the pores characteristics and permeability simulation of pervious concrete based on 2D/3D CT images[J]. Construction and Building Materials，2019，200：687-702.

[45] Wang G, Chen X, Dong Q, et al. Mechanical performance study of pervious concrete using steel slag aggregate through laboratory tests and numerical simulation[J]. Journal of Cleaner Production，2020，262：121-208.

[46] Nassiri S, AlShareedah O. Development of Protocol to Maintain Winter Mobility of Different Classes of Pervious Concrete Pavement Based on Porosity(No. 2017-S-WSU-3)，Pacific Northwest Transportation Consortium (PacTrans)[J]，2019.

[47] Lederle R，Shepard T，Meza V. Comparison of methods for measuring infiltration rate of pervious concrete - ScienceDirect[J]. Construction and Building Materials，2020，244：118339.

[48] Low K, Harz D, Neithalath N. Statistical Characterization of the Pore Structure of Enhanced Porosity Concretes[J]. Aiaa Journal，2008，44(4)：868-878.

[49] Montes F Montes，Haselbach L. Measuring Hydraulic Conductivity in Pervious Concrete[J]. Environmental Engineering Science，2006，23(6)：960-969.

[50] Neithalath N. Development and characterization of acoustically efficient cementitious materials[M]. Purdue University，2004.

[51] Sumanasooriya M S, Neithalath N. Pore structure features of pervious concretes proportioned for desired porosities and their performance prediction[J]. Cement and Concrete Composites，2011，33（8）：778-787.

[52] Kaye N B, Putman B. Impact of vertical porosity distribution on the permeability of pervious concrete[J]. Construction & Building Materials，2014，59：78-84.

[53] 王科. 嵌锁密实水泥混凝土细观特性研究[D]. 西安：长安大学，2011.

[54] 王振军，沙爱民，杜少文，袁文豪. 水泥乳化沥青混凝土浆体-集料界面区结构形成机理[J]. 公路，2008(11)：186-189.

[55] 申艳军，张欢，潘佳，等. 混凝土界面过渡区微-细观结构识别及形成机制研究进展[J]. 硅酸盐

通报，2020，39(10)：3055-3069.

[56] 施惠生，居正慧，郭晓潞，等. ITZ形成机制及其对混凝土力学性能与传输性能的影响[J]. 建材技术与应用，2014(6)：11-18.

[57] 陈惠苏，孙伟，Stroeven Piet. 水泥基复合材料集料与浆体界面研究综述(二)：界面微观结构的形成、劣化机理及其影响因素[J]. 硅酸盐学报，2004(1)：70-79.

[58] 赵洪，杨永民，李方贤，张君禄，余其俊. 骨料包裹层厚度的研究及其对多孔混凝土性能的影响[J]. 混凝土，2014(2)：29-32.

[59] 谢晓庚. 基于强度和渗透性的透水混凝土组成结构设计与制备[D]. 广州：华南理工大学，2018.

[60] 石妍，杨华全，陈霞，等. 骨料种类对混凝土孔结构及微观界面的影响[J]. 建筑材料学报，2015，18(1)：133-138.

[61] 周甲佳，潘金龙，梁坚凝，等. 尺寸效应对水泥净浆与粗骨料界面黏结性能的影响[J]. 建筑材料学报，2012，15(5)：712-716.

[62] 朱亚超. 混凝土中砂浆—骨料界面力学性能试验研究[D]. 大连：大连理工大学，2011.

[63] Rao G A，Prasad B K R. Influence of the roughness of aggregate surface on the interface bond strength[J]. Cement and Concrete Research，2002，32(2)：253-257.

[64] 谢晓庚. 基于强度和渗透性的透水混凝土组成结构设计与制备[D]. 广州：华南理工大学，2018.

[65] JIMMA B E，RANGARAAJU P R. Film-forming ability of flowable cement pastes and its application in mixture proportioning of pervious concrete[J]. Construction and Building Materials，2014，71.

[66] 汪文文，吴芳，陈梦竹，等. 水泥浆厚度在再生骨料透水混凝土配合比设计中的应用[J]. 硅酸盐通报，2019，38(1)：103-109.

[67] 付东山. 基于正交方法透水混凝土性能影响因素试验研究[D]. 绵阳：西南科技大学，2017：22-28.

[68] Neithalath N，Bentz D P，Sumanasooriya M S. Advances in pore structure characterization and performance prediction of pervious concretes[J]. Concrete International，2010，32(5)：35-40.

[69] 张浩博，杜晓青，寇佳亮，等. 再生骨料透水混凝土抗压性能及透水性能试验研究[J/OL]. 实验力学，2017，32(2)：247-256.

[70] 顾晓帆. 透水混凝土制备及其性能试验研究[D]. 青岛：青岛理工大学，2018.

[71] 雷丽恒，刘荣桂. 透水性道路用生态混凝土性能的试验研究[J]. 混凝土，2009(9)：99-101.

[72] 高润东，李向民，许清风，等. 聚丙烯仿钢纤维(PPTF)透水混凝土试验研究[J]. 新型建筑材料，2015，42(3)：1-3，42.

[73] 王敏. 聚丙烯纤维透水水泥混凝土性能试验研究[D]. 青岛：山东科技大学，2018.

[74] 钟世云，袁华. 聚合物在混凝土中的应用[M]. 北京：化学工业出版社，2003.

[75] Pascal S，Alliche A，Pilvin P. Mechanical behaviour of polymer modified mortars[J]. Materials Science and Engineering A，2004，380：1-8.

[76] 郑木莲，陈栓发，王秉纲. 多孔混凝土的收缩特性研究[J]. 西安建筑科技大学学报(自然科学版)，2005，37(4)：483-487.

[77] 宋中南，石云兴，等. 透水混凝土及其应用技术[M]. 北京：中国建筑工业出版社出版，2011.

[78] Silva D A，Monteiro P J M. Hydration evolution of C3S-EVA composites analyzed by soft X-ray microscopy[J]. Cement and Concrete Research，2005，35(2)：351-357.

[79] Silva D A，Monteiro P J M. The influence of polymers on the hydration of Portland cement phases analyzed by soft X-ray transmission microscopy[J]. Cement and Concrete Research，2006，36(8)：1501-1507.